全球武器精选系列

大地之虎

全球陆军武器精选 100

军情视点 编

化学工业出版社
·北京·

内容提要

本书精心选取了世界各国陆军装备的100种经典武器，每种武器均以简洁精练的文字介绍了研制历史、武器构造及作战性能等方面的知识。为了增强阅读趣味性，并加深青少年读者对陆军武器的认识，书中不仅配有大量清晰而美观的鉴赏图片，而且增加了详细的数据表格，使读者对陆军武器有更全面且细致的了解。

本书不仅是广大青少年读者学习军事知识的不二选择，也是军事爱好者收藏的绝佳对象。

图书在版编目（CIP）数据

大地之虎：全球陆军武器精选100 / 军情视点编．—北京：化学工业出版社，2020.8
（全球武器精选系列）
ISBN 978-7-122-37008-2

Ⅰ．①大⋯ Ⅱ．①军⋯ Ⅲ．①步兵武器 – 介绍 – 世界 Ⅳ．① E922

中国版本图书馆 CIP 数据核字（2020）第 085460 号

责任编辑：徐　娟　冯国庆　　　　　　　　装帧设计：中图智业
责任校对：张雨彤　　　　　　　　　　　　封面设计：刘丽华

出版发行：化学工业出版社（北京市东城区青年湖南街 13 号　邮政编码 100011）
印　　装：中煤（北京）印务有限公司
710mm×1000mm　1/16　印张 14　字数 300 千字　2020 年 8 月北京第 1 版第 1 次印刷

购书咨询：010-64518888　　　　　　　　　售后服务：010-64518899
网　　址：http://www.cip.com.cn

凡购买本书，如有缺损质量问题，本社销售中心负责调换。

定价：78.00 元　　　　　　　　　　　　　　　　　　　　版权所有　违者必究

陆军是最古老的兵种，从有军队开始就有陆军了，冷兵器时代的陆军主要由弓兵、骑兵和步兵组成。第一次世界大战、第二次世界大战时代的陆军主要由摩托化步兵、机械化步兵、炮兵、工兵组成。现代陆军主要由步兵（数字化步兵、飞行化步兵）、装甲兵（坦克兵）、炮兵、陆军防空兵、陆军航空兵、电子对抗兵（电子对抗部队）、工程兵、防化兵（化学兵）、通信兵、侦察兵、特种部队等兵种和专业兵种组成。有的国家的陆军还有空降兵、导弹兵（火箭兵）等。

现代陆军是一个多兵种、多系统和多层次有机结合的整体，具有强大的火力、突击力和高度的机动能力。既能独立作战，又能与其他军种联合作战。各国陆军通常按师（旅）、团、营、连、排、班的序列编制，有的国家的陆军还编有集团军（军）一级。

现代陆军主要装备步兵武器、汽车、坦克、装甲车、火炮、导弹、直升机、无人机、战略运输机和各种技术器材。随着科学技术和现代战争的发展，世界各国都在发展射程远、精度高、威力大、射速快、重量轻、全天候的武器装备，以便增强陆军部队在高技术条件下的作战能力。

本书精心选取了世界各国陆军装备的 100 种经典武器，每种武器均以简洁精练的文字介绍了研制历史、武器构造及作战性能等方面的知识。为了增强阅读趣味性，并加深青少年读者对陆军武器的认识，书中不仅配有大量清晰而美观的鉴赏图片，还增加了详细的数据表格，使读者对陆军武器有更全面且细致的了解。

作为传播军事知识的科普读物，最重要的就是内容的准确性。本书的相关数据资料均来源于国外知名军事媒体和军工企业官方网站等权威途径，坚决杜绝抄袭拼凑和粗制滥造。在确保准确性的同时，我们还着力增加趣味性和观赏性，尽量做到将复杂的理论知识用简明的语言加以说明，并添加了大量精美的图片。因此，本书不仅是广大青少年朋友学习军事知识的不二选择，也是军事爱好者收藏的绝佳对象。

参加本书编写的有丁念阳、黎勇、黄成等。由于编者水平有限，加之军事资料来源的局限性，书中难免存在疏漏之处，敬请广大读者批评指正。

编者
2020 年 5 月

目录

第1章 • 陆军概述 /001

陆军的历史 002
陆军的编制和武器 003
世界知名陆军部队 006

第2章 • 坦克 /009

No.1 美国M1"艾布拉姆斯"
　　　主战坦克 010
No.2 苏联/俄罗斯T-80
　　　主战坦克 012
No.3 俄罗斯T-90主战坦克 014
No.4 俄罗斯T-14主战坦克 016
No.5 英国"挑战者"1主战坦克 ... 018
No.6 英国"挑战者"2主战坦克 ... 020
No.7 法国AMX-56"勒克莱尔"
　　　主战坦克 022
No.8 德国"豹"2主战坦克 024
No.9 意大利C1"公羊"主战坦克 ... 026
No.10 以色列"梅卡瓦"主战坦克 ... 028
No.11 西班牙"豹"2E主战坦克 ... 030
No.12 波兰PL-01轻型坦克 032
No.13 日本90式主战坦克 034
No.14 日本10式主战坦克 036
No.15 韩国K1主战坦克 038
No.16 韩国K2主战坦克 040
No.17 印度"阿琼"主战坦克 042

第3章 • 装甲车 /045

No.18 美国M113装甲运兵车 046
No.19 美国AIFV步兵战车 048
No.20 美国M2"布雷德利"
　　　步兵战车 050
No.21 美国M1117装甲车 052
No.22 美国"悍马"装甲车 054
No.23 美国L-ATV装甲车 056
No.24 美国"斯特赖克"装甲车 058
No.25 苏联/俄罗斯BMP-2
　　　步兵战车 060
No.26 苏联/俄罗斯BMP-3
　　　步兵战车 062
No.27 苏联/俄罗斯BTR-80
　　　装甲运兵车 064

No.28 俄罗斯 BTR-82 装甲运兵车..066
No.29 俄罗斯"回旋镖"装甲运兵车..068
No.30 俄罗斯"虎"式装甲车.........070
No.31 乌克兰 BTR-4 装甲运兵车....072
No.32 英国"风暴"装甲运兵车....074
No.33 英国"武士"步兵战车.........076
No.34 法国 VAB 装甲车.................078
No.35 法国 VBCI 步兵战车............080
No.36 德国"野犬"全方位防护
　　　运输车.....................................082
No.37 德国"拳师犬"装甲运兵车....084
No.38 德国"美洲狮"步兵战车....086
No.39 意大利"达多"步兵战车....088
No.40 意大利 VBTP-MR 装甲车...090
No.41 瑞典 CV-90 步兵战车........092
No.42 瑞典 BvS10 装甲全地形车....094
No.43 日本 89 式步兵战车.............096
No.44 日本 96 式装甲运兵车..........098

第 4 章 ● 直升机 /101

No.45 美国 AH-1"眼镜蛇"
　　　武装直升机..............................102
No.46 美国 UH-60"黑鹰"
　　　通用直升机..............................104
No.47 美国 AH-64"阿帕奇"
　　　武装直升机..............................106
No.48 美国 S-97"侵袭者"
　　　武装直升机..............................108
No.49 苏联/俄罗斯米-24
　　　武装直升机..............................110
No.50 苏联/俄罗斯米-28
　　　武装直升机..............................112
No.51 苏联/俄罗斯卡-50
　　　武装直升机..............................114
No.52 俄罗斯卡-52 武装直升机......116
No.53 英国"山猫"通用直升机.....118
No.54 德国 BO 105 通用直升机....120
No.55 欧洲"虎"式武装直升机....122
No.56 意大利 A129"猫鼬"
　　　武装直升机..............................124
No.57 南非 CSH-2"石茶隼"
　　　武装直升机..............................126
No.58 日本 OH-1"忍者"
　　　武装侦察直升机......................128
No.59 印度"楼陀罗"武装直升机..130
No.60 印度 LCH 武装直升机.........132

第 5 章 ● 火炮 /135

No.61 美国 M119 牵引榴弹炮.........136
No.62 美国 M198 牵引榴弹炮.........138
No.63 美国 M109 自行榴弹炮.........140
No.64 美国 M142 自行火箭炮.........142

No.65 美国 M270 自行火箭炮.........144
No.66 苏联 / 俄罗斯 BM-21
　　　自行火箭炮.....................146
No.67 苏联 / 俄罗斯 2S3
　　　自行加榴炮.....................148
No.68 苏联 / 俄罗斯 2S5
　　　自行加农炮.....................150
No.69 苏联 / 俄罗斯 2S9
　　　自行迫击炮.....................152
No.70 苏联 / 俄罗斯 2S19
　　　自行榴弹炮.....................154
No.71 俄罗斯 2S31 自行迫榴炮......156
No.72 苏联 / 俄罗斯 2K22
　　　自行防空系统..................158
No.73 英国 M777 牵引榴弹炮.........160
No.74 英国 AS-90 自行榴弹炮.......162
No.75 法国 CAESAR 自行榴弹炮...164
No.76 德国 PzH 2000 自行榴弹炮...166
No.77 日本 87 式自行防空炮.........168
No.78 日本 96 式自行迫击炮.........170
No.79 日本 99 式自行榴弹炮.........172
No.80 韩国 K9 自行榴弹炮...........174

第 6 章 ● 导弹 /177

No.81 美国 MIM-72 "小檞树"
　　　导弹................................178
No.82 美国 MIM-104 "爱国者"
　　　导弹................................180
No.83 美国 MGM-140 陆军战术
　　　导弹系统.........................182
No.84 美国 "复仇者"防空
　　　导弹系统.........................184
No.85 美国 "萨德"反导系统.........186
No.86 美国 BGM-71 "陶"式导弹..188
No.87 苏联 / 俄罗斯 2K12 "卡勃"
　　　导弹................................190
No.88 苏联 / 俄罗斯 9K330 "道尔"
　　　导弹................................192
No.89 苏联 / 俄罗斯 OTR-21
　　　"圆点"导弹....................194
No.90 苏联 / 俄罗斯 OTR-23
　　　"奥卡"导弹....................196
No.91 苏联 / 俄罗斯 RT-23
　　　弹道导弹.........................198
No.92 苏联 / 俄罗斯 RT-2PM
　　　"白杨"弹道导弹...............200
No.93 俄罗斯 RT-2PM2
　　　"白杨"M 弹道导弹............202
No.94 俄罗斯 9K720 "伊斯坎德尔"
　　　弹道导弹.........................204
No.95 俄罗斯 "铠甲"-S1 防空系统...206
No.96 法国 / 德国 "霍特"导弹....208
No.97 瑞典 RBS 70 防空导弹.........210
No.98 日本 81 式地对空导弹.........212
No.99 日本 03 式地对空导弹.........214
No.100 印度 "烈火"5 弹道导弹...216

参考文献 /218

第 1 章
陆军概述

陆军是地面作战的核心力量,是现代化三军中历史最为悠久的一支。现代陆军是一个多兵种、多系统和多层次有机结合的整体,具有强大的火力、突击力和高度的机动能力,既能独立作战,又能与其他军种联合作战。

• 陆军的历史

陆军是最古老的军种,从有军队存在开始就有了陆军。古埃及的陆军由重装步兵、轻装弓箭手、投掷手和散兵组成,按武器类型编为长矛队、短剑队、狼牙棒队、投石队。公元前6世纪以后,古希腊陆军的基本作战队形和组织单位是由重装步兵、轻装步兵和骑兵组成的方阵,一般编十人队、百人队,最大的方阵达万人。

从4世纪开始,欧洲、亚洲一些国家的步兵地位下降,骑兵逐渐兴起,成为陆军的主力。骑兵身着重盔甲作战,乘马有了马鞍、马镫、蹄铁。10世纪末,欧洲的骑兵已完全主宰战场,步兵人数虽多,但只起辅助作用。

14世纪以后,欧洲各国军队陆续大量装备火枪、火炮,陆军内部结构有了新变化,步兵重新成为主要兵种,炮兵数量逐步增多。在西欧,城市的发展也促进了步兵的复兴。这一时期,许多国家陆军的基本组织单位是团,有的是旅。如西班牙陆军编有团,每团辖12个连,每连编250人;瑞典陆军编有旅,每旅辖3个营,每营辖4个连,每连编150人。

17~19世纪,许多国家已正式将军队区分为陆军和海军。陆军分为战斗部队、勤务部队。战斗部队,主要包括步兵、骑兵和炮兵。有了机枪连和炮兵连、营、团的建制。拿破仑·波拿巴创立新型陆军,改变以往的编制,建立由步兵、骑兵、炮兵组成的诸兵种合成师和专门的指挥机关。

19世纪初,出现集团军的编制。欧洲一些国家的炮兵和工兵发展成独立的兵种,陆军开始走向正规化,采取统一的组织编制,使用制式的武器装备,颁布各种条令、条例,实行集中统一指挥。

拿破仑·波拿巴画像

第一次世界大战(以下简称一战)爆发前,为在战争中取得胜利,各国开始大规模扩充陆军,战争中又新组建大量部队,组织结构也发生较大变化。在此期间,步兵、炮兵仍是主要兵种,骑兵的地位有所下降,而工程兵、通信兵的作用有了提高,同时化学兵、装甲兵、陆军航空兵等新兵种和专业技术兵相继产生。

第二次世界大战(以下简称二战)期间,各国陆军的规模进一步扩大。在战争初期,德国总兵力700余万人,而陆军就有520万人,编有214个师,其中坦克和摩托化师35个;苏联总兵力500余万人,陆军编成303个师。此外,其他主要参战国的陆军也各有几百万人。当时陆军装备有坦克、火炮、火箭炮等新式武器,所以其火力、防御力和机动性有了空前的提高。由于战场需求,各主要参战国新组建了大量步兵师、机械化师和坦克师,有的还建立炮兵军、坦克集团军和诸兵种合成集团军、方面军(集团军群)。

冷战期间,各类陆战武器进一步发展,陆军的人数虽不如二战期间多,但质量却越来越高。20世纪80年代末,苏联陆军有231个师,人数达159.6万;美国陆军有18个师,人数达76.6万。武器方面,由于各国越来越注重海陆空联合作战,所以非常注重机动性,导致一些重型坦克开始没落,取而代之的是各式各样的装甲车辆。

二战时期的美国陆军官兵

之后,各国陆军不断进行调整,但一直保持着相当大的规模。随着各国普遍加强陆军质量建设,陆军员额呈下降趋势。例如,1992年初,美国陆军共有67.4万人,编有5个集团军司令部、5个军部、14个作战师,而到1995年时减至12个师,共51万人。

海湾战争期间的美国陆军炮兵

时至今日,一些发达国家的陆军装备导弹、战术核武器等现代兵器,组织体制和训练也有较大改进,陆军的发展和建设达到了前所未有的水平。即便海军和空军的地位日益加重,陆军的地位也未出现根本性动摇。

俄罗斯陆军士兵依托BTR-80装甲运兵车作战

●陆军的编制和武器

现代陆军主要可以区分为战斗部队、战斗支援部队、后勤部队等,又依据各种兵种的不同而有各种编制,依据上下阶级编制,通常在营或团级以下几乎都是同一兵种,由数种不同兵种的部队组成更大规模的部队,而某些支援性质的兵种则可能分布在各种部队中。以兵种来看,步兵、装甲兵、炮兵、航空兵等属于战斗兵种,而支援兵种则包含了工兵、通信兵、化学兵、运输兵、医护兵、宪兵等不一而足。

陆军的战斗单位由大至小依序是集团军、军团、军、师、旅、团、营、连、排、班，其中有些层级可能有不同的名称，也有些层级可能在裁军的过程中消失了，班之下有时还有伍的编制，不过大多只用在步兵。而集团军之上通常就是军区或战区，它包含了陆海空各军种，以区域为划分，而没有机动性质的层级。

在冷兵器时代，陆军主要以刀、剑、斧、矛、弓、弩等作为战斗武器。而到了现代，陆军兵器则有枪械、火炮、导弹、坦克、装甲车、直升机等类别，可谓多不胜数。

枪械是指利用火药燃气能量发射弹丸，口径小于20毫米的身管射击武器。它以发射枪弹，打击无防护或弱防护的有生目标为主，是步兵的主要武器，也是其他兵种的辅助武器。枪械主要分为手枪、冲锋枪、步枪、卡宾枪、霰弹枪、机枪等。

德国陆军 PzH 2000 自行榴弹炮

火炮是指利用机械能、化学能（火药）、电磁能等能源抛射弹丸，射程超过单兵武器的射程，由炮身和炮架两大部分组成，口径不小于20毫米的身管射击武器。按照炮膛结构，分为线膛炮和滑膛炮；按照装填方式，分为后装炮和前装炮；按照弹道特性，分为加农炮、榴弹炮、加榴炮和迫击炮；按照运动方式，分为步兵携行火炮、自行火炮、牵引火炮、骡马拖曳火炮和骡马驮载火炮；按照用途，分为地面压制火炮、高射炮、反坦克火炮、坦克炮、航空机关炮、舰炮、海岸炮和要塞炮。除舰炮和海岸炮外，其他火炮在陆军中的应用都非常广泛。

美国陆军"萨德"反导系统

导弹是一种携带战斗部，依靠自身动力装置推进，由制导系统导引控制飞行航迹，导向目标并摧毁目标的飞行器。导弹通常由战斗部、控制系统、发动机装置和弹体等组成。导弹摧毁目标的有效载荷是战斗部（或弹头），可为核装药、常规装药、化学战剂、生物战剂，或者使用电磁脉冲战斗部。其中，采用常规装药的称为常规导弹；采用核装药的称为核导弹。导弹武器突出的性能特点是射程远、精度高、威力大、突防能力强。

坦克是具有直射火力、越野能力和装甲防护力的履带式装甲战斗车辆，是地面作战的主要突击兵器和装甲兵的基本装备，主要用于与敌方坦克和其他装甲车辆作战，也可以压制、消灭反坦克武器，摧毁野战工事，歼灭有生力量。

第 1 章　陆军概述

★ 日本陆上自卫队 10 式主战坦克　　　　★ 英国陆军"武士"步兵战车

装甲车是指具有装甲防护的各种履带式或轮式军用车辆。坦克也是履带式装甲车的一种，但是在习惯上通常因作战用途另外独立分类，而装甲车多半是指防护力与火力较坦克弱的车种。装甲车的特性为具有高度的越野机动性能，有一定的防护和火力作用，分为履带式和轮式两种，一般装备一至两门中小口径火炮及数挺机枪，一些还装有反坦克导弹，主要由装甲车体、武器系统、动力装置等组成。

直升机是一种由至少两个或多个水平旋转的旋翼提供向上升力和推进力而进行飞行的航空器。直升机具有大多数固定翼航空器所不具备的垂直升降、悬停、低速度向前或向后飞行的特点。这些特点使得直升机在很多场合大显身手。直升机与固定翼飞机相比，其缺点是速度低、耗油量较高、航程较短。现代陆军使用的直升机主要是武装直升机和通用直升机，主要用于对地攻击、机降登陆、武器运送、后勤支援、战场救护、侦察巡逻、指挥控制、通信联络等。

美国陆军 AH-64 武装直升机

• 世界知名陆军部队

美国陆军第 1 步兵师

第 1 步兵师（1st Infantry Division）是美国陆军组建最早的师之一，因其在美国陆军史上占有多项"第一"，而且这个单位的标志有一个很明显的红色阿拉伯数字"1"，所以被美国人称为"大红一师"。

1917 年 5 月 24 日，根据美国陆军部的指示，美国陆军将分散驻扎在多个驻地的正规陆军部队集中起来，正式组成美国第 1 远征师，并开赴欧洲作战。1919 年 7 月 6 日，第 1 远征师被改编为第 1 步兵师。

一战中，第 1 步兵师历经多次重大战役战斗，共作战 158 天，伤亡 2.2 万人，获得荣誉勋章 5 枚。二战中，第 1 步兵师共作战 443 天，参加大小战役战斗几十次。其参战时间之长，俘虏敌人之多，获得勋章之多，在美军各师中名列前茅。而它付出的代价，也居美军前列，共伤亡 2.1 万人。战争结束后，该师作为占领军留驻德国，直到 1955 年才根据轮换制度返回美国。回国后，第 1 步兵师一度在 1959 年改为训练师，1961 年又改为战备值班师。1962 年，第 1 步兵师加入进击司令部所属的战略预备队，成为执行全球战略任务的机动部队。

★ 第 1 步兵师徽章

美国陆军第 1 装甲师

第 1 装甲师（1st Armored Division）隶属于美国陆军第 3 军，绰号"老勇士"。1940 年 7 月 15 日，根据美国陆军部的指示，第 1 装甲师在肯塔基州诺克斯堡举行成立庆典。

二战中，第 1 装甲师主要在北非和欧洲作战，大部分时间打的是苦战，美军中很多人认为这是一支运气很差的部队。二战结束后，第 1 装甲师被派往德国施瓦本格明德执行占领任务。1946 年 4 月～1951 年 2 月，第 1 装甲师退出现役。1951 年 2 月，第 1 装甲师重新入役。此后，第 1 装甲师一直驻防在胡德堡。1971 年 5 月，第 1 装甲师大部与刚从越南战场返回美国的第 1 骑兵师一部合并组成新的第 1 骑兵师，第 1 装甲师余部退出现役。与此同时，驻德国巴伐利亚安斯巴赫的第 4 装甲师被改编为第 1 装甲师，于是"老勇士"摇身一变又"回到"德国。

20 世纪 90 年代以来，第 1 装甲师先后参加了海湾战争和伊拉克战争，并在科威特、卢旺达、乌干达、扎伊尔、土耳其、波兰、捷克和科索沃等国家和地区执行维和任务。

★ 第 1 装甲师徽章

美国陆军第 10 山地师

第 10 山地师（10th Mountain Division）是一支以轻型步兵为主体、带有空中突击力量的诸兵种合成部队，也是美国陆军唯一的山地师。全师所有建制装备均可通过空运快速部署，是执行应急作战任务的快速反应部队。

★ 第 10 山地师徽章

第 10 山地师的前身是 1941 年 12 月 8 日在华盛顿州路易斯堡组建的美国陆军第一支山地部队——第 87 山地步兵营（后来改为团）。1943 年 7 月 13 日，美国陆军以第 87 步兵营为核心，在科罗拉多州正式组建第 10 轻型步兵师。1944 年 11 月，第 10 轻型步兵师被更名为第 10 山地师，并被授权佩戴蓝白相间的山地师臂章。

二战中，第 10 山地师主要在欧洲战场作战。在阿尔卑斯山脉下的加尔达湖畔攻坚战中，第 10 山地师歼灭了大量德军部队。二战后，第 10 山地师曾多次解散又再次成立。"9·11 事件"后，第 10 山地师曾作为美国陆军主力部队被部署在阿富汗。

英国陆军第 7 装甲师

第 7 装甲师（7th Armoured Division）是英国二战时期的著名装甲部队，组建于 1938 年。在北非战役中，第 7 装甲师在蒙哥马利元帅的统帅下与德国名将隆美尔周旋，参加了阿拉曼等一系列重要战役，最终打败了德国的非洲军团，为取得北非战场的胜利立下了奇功，因此第 7 装甲师被称为"沙漠之鼠"。

★ 第 7 装甲师徽章

二战结束前，第 7 装甲师被解散。第 7 旅被派到缅甸，它的跳鼠徽章改为绿色。第 4 旅被调到西西里岛，它的跳鼠徽章改为黑色。第 7 装甲师师部则前往意大利与美国第五军并肩作战，后被调回英国。20 世纪 60 年代，由于重组莱茵兵团，第 7 装甲师被撤编，降为第 7 装甲旅。后来，这支装甲部队被派遣到德国常驻。

苏联/俄罗斯陆军近卫坦克第 4 师

近卫坦克第 4 师即著名的"坎捷米罗夫卡"师，隶属于莫斯科卫戍部队，驻守莫斯科州西南部的纳罗·福明斯克市，是苏联/俄罗斯一支历史悠久、战功卓著的王牌英雄部队，曾经被誉为"俄罗斯铁拳"，是目前俄罗斯陆军中最精锐的部队之一。

★ 近卫坦克第 4 师徽章

1942 年的 6 月 26 日，苏联坦克第 17 军建立，这便是近卫坦克第 4 师的前身。坦克第 17 军组建后不久就参加了斯大林格勒保卫战，并且表现优秀，因此被授予"近卫部队"的荣誉称号，并被改编为近卫坦克第 4 军。二战中，近卫坦克第 4 军辗转数千里，立下了汗马功劳。二战后，苏联将坦克军和机械化军缩编为坦克师和机械化师，近卫坦克第 4 军也被缩编为近卫坦克第 4 师。2009 年，近卫坦克第 4 师更被降级为旅，直到 2013 年才重新恢复为师级部队。

法国陆军第 11 空降师

第 11 空降师（11th Parachute Brigade）隶属于法国陆军，堪称法军最重要的应急部署力量。该部队是法国军队中第一支快速反应部队，特别适合两类任务：在复杂的地形上遂行反装甲作战，或是在重点地区进行机动防御作战。

法国空降部队的历史可以追溯到 20 世纪 30 年代中期，曾有多支空降部队组建又解散。1963 年，法国重新组建了空降部队，并将其命名为第 11 空降师。之后几十年的时间里，第 11 空降师卷入了多起战事并参与了联合国在乍得、黎巴嫩、吉布提等国家展开的维和行动，均有出色表现。

★ 第 11 空降师徽章

目前，第 11 空降师的总部位于法国南部的图卢兹地区。该师以轻型装备为主，通常并不担负正面攻击敌军之类的任务，而特别适宜作为战略机动性攻击力量，以轻便快速的机动能力在快速变化的战场形势中寻机从敌军侧翼发起致命进攻。

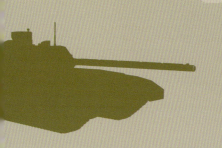
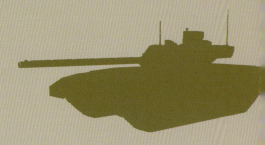

第 2 章
坦克

坦克是具有直射火力、越野能力和装甲防护力的履带式装甲战斗车辆,是现代陆上作战的主要武器之一。坦克主要用来与敌方坦克或其他装甲车辆作战,也可以压制、消灭反坦克武器,摧毁工事,歼灭敌方陆上力量。

No.1 美国M1"艾布拉姆斯"主战坦克

基本参数	
长度	9.78米
宽度	3.64米
高度	2.43米
重量	63吨
最大速度	72千米/小时

★ M1主战坦克前方视角

　　M1"艾布拉姆斯"(Abrams)主战坦克是美国陆军和海军陆战队的现役主战坦克，其名称来源于美国陆军前参谋长、第37装甲团指挥官和驻越美军司令克雷顿·艾布拉姆斯陆军上将。

●研发历史

　　M1主战坦克源于20世纪60年代美国和德国的MBT-70坦克研制计划，MBT-70计划"夭折"后，美国便以MBT-70计划积累的技术继续研发。原型车于1976年制造完成，经过3年的测试后开始批量生产，1980年开始装备部队，之后继续进行改进，诞生了

M1主战坦克在泥泞路面行驶

M1A1、M1A2、M1A2 SEP、M1A2 TUSK等改进型号。除美国外，澳大利亚、伊拉克、科威特、埃及和沙特阿拉伯等国家也有采用。

●车体构造

M1主战坦克的炮塔为钢板焊接制造，构型低矮而庞大。该坦克的人员编制为典型的4名乘员，包括车长、驾驶员、炮手与装填手。炮塔内容纳3名乘员，其中车长与炮手位于主炮右侧，装填手在主炮左侧，炮手席位于车长席的前下方。车长席设有一个低矮的观测塔，可360度旋转，上有6具潜望镜，前方设有一个机枪架。装填手顶部的舱盖上装有一具可旋转的潜望镜，舱口装有一个环形枪架。车内通信电台安装在左侧炮塔内壁，由装填手操作，两个电台天线以及横风传感器都安装在炮塔后段上方。

M1主战坦克在山区行驶

●作战性能

M1主战坦克的炮塔装甲厚度从12.5毫米到125毫米不等，正面与侧面都设有倾斜角度来增加防护能力，故避弹能力大为增加。全车除了三个铸造部件外，其余部位都采用钢板焊接而成。此外，车头与炮塔正面加装了陶瓷复合装甲。

M1主战坦克的初期型号使用105毫米线膛炮，从M1A1开始改用德国莱茵金属公司的120毫米M256滑膛炮。辅助武器为1挺12.7毫米机枪和2挺7.62毫米并列机枪，炮塔两侧还装有八联装L8A1烟幕榴弹发射器。

M1主战坦克主炮开火

No.2 苏联/俄罗斯 T-80 主战坦克

基本参数	
长度	9.72 米
宽度	3.56 米
高度	2.74 米
重量	46 吨
最大速度	65 千米/小时

训练场上的 T-80 主战坦克

T-80 主战坦克是在 T-64 主战坦克基础上研制的,是历史上第一款量产的全燃气涡轮动力主战坦克,外号"飞行坦克"。

● 研发历史

20 世纪 60 年代末,苏联就在 T-64 主战坦克的基础上开始了 T-80 主战坦克的研制工作。该坦克于 1968 年立项,1976 年定型并装备部队。在 T-80 主战坦克投入量产的同时,T-64 主战坦克的最新型号、能发射炮射导弹和安装反应装甲的 T-64B 主战坦克也开始生产了。因此,T-80 主战坦克

★ T-80U 主战坦克在泥泞路面行驶

产量并不大。由于 T-80 主战坦克的研发生产单位分布在俄罗斯和乌克兰，因此苏联解体后两国独立继续发展 T-80 系列，并衍生出 T-80U（俄罗斯）、T-84（乌克兰）等新型号。

• 车体构造

T-80 主战坦克的总体布置与 T-64 主战坦克相似，驾驶员位于车体前部中央，车体中部是战斗舱，动力舱位于车体后部。为了提高应对动能穿甲弹和破甲弹的防护能力，车体前上装甲板比 T-64 主战坦克有了进一步改进，前下装甲板外面装有推土铲，还可以安装 KM-4 扫雷犁。坦克炮塔为钢质复合结构，带有间隙内层，位于车体中部上方，内有 2 名乘员，炮长在左边，车长在右边，车长和炮长的位置各有一个炮塔舱口。

T-80 主战坦克前方视角

• 作战性能

T-80 主战坦克的车体正面采用复合装甲，前上装甲板由多层组成，外层为钢板，中间层为玻璃纤维和钢板，内衬层为非金属材料。该坦克的主炮是 1 门 125 毫米 2A46 滑膛炮，既可发射普通炮弹，也可发射反坦克导弹，炮管上装有热护套和抽气装置。主炮右边装有 1 挺 7.62 毫米并列机枪，在车长指挥塔上装有 1 挺 HCBT 式 12.7 毫米高射机枪。T-80 主战坦克的火控系统比 T-64 主战坦克有所改进，主要是装有激光测距仪和弹道计算机等先进的火控部件。

高速行驶的 T-80 主战坦克

No.3 俄罗斯 T-90 主战坦克

基本参数	
长度	9.53 米
宽度	3.78 米
高度	2.22 米
重量	46.5 吨
最大速度	65 千米/小时

T-90 主战坦克前方视角

　　T-90 主战坦克是俄罗斯于 20 世纪 90 年代研制的，1995 年开始服役，主要装备俄罗斯军队和印度军队，阿尔及利亚、沙特阿拉伯、塞浦路斯和土库曼斯坦等国家也有采用。

● 研发历史

　　T-90 主战坦克于 20 世纪 90 年代初开始研制，最初是作为 T-72 主战坦克的一种改进型，代号为 T-72BY。由于使用了 T-80 主战坦克的部分先进技术，性能有了很大提升，于是重新命名为 T-90 主战坦克。其命名延续了俄罗斯（苏联）其他坦克的命名方式，即 T

训练场上的 T-90 主战坦克

加数字。目前，T-90 主战坦克有 T-90A、T-90E、T-90S 和 T-90SK 等多种衍生型号。

•车体构造

T-90 主战坦克的炮塔位于车体中部，动力舱后置。车尾通常装有自救木和附加油箱。发动机排气口位于车体左侧最后一个负重轮上方。炮塔为球形，顶部右侧装有一挺 12.7 毫米高射机枪。炮塔后部两侧安装有烟雾弹发射器。125 毫米主炮两侧各有一个"窗帘"光电防御系统的箱式传感器。车体两侧各有 6 个负重轮，主动轮后置，诱导轮前置。行动装置上部遮有侧裙板，裙板靠车前端部分装有附加的大块方形装甲板。

T-90 主战坦克左侧视角

•作战性能

T-90 主战坦克的装甲防护包括复合装甲、爆炸反应装甲和传统钢装甲三种。爆炸反应装甲安装于炮塔上，包括炮塔顶部，以抵御现在流行的攻顶导弹。炮塔前端还加装了两层复合装甲，这种复合装甲通常采用特殊塑料和陶瓷制成。T-90 主战坦克可以越过 2.8 米宽的壕沟和 0.85 米高的垂直矮墙，并能通过深达 1.2 米的水域，在经过短时间准备之后，涉水深度可达 5 米。

T-90 主战坦克装有 1 门 125 毫米 2A46M 滑膛炮，并配有自动装填机。该炮可以发射多种弹药，包括尾翼稳定脱壳穿甲弹、破甲弹和杀伤榴弹，为了弥补火控系统与西方国家的差距，还可发射 AT-11 反坦克导弹。AT-11 反坦克导弹在 5000 米距离上的穿甲厚度可达 850 毫米，而且还能攻击直升机等低空目标。T-90 主战坦克的辅助武器为 1 挺 7.62 毫米并列机枪和 1 挺 12.7 毫米高射机枪，其中 7.62 毫米并列机枪一次可装弹 250 发，备弹 7000 发，12.7 毫米高射机枪备弹 300 发。

T-90 主战坦克主炮开火

No.4 俄罗斯 T-14 主战坦克

基本参数	
长度	8.7 米
宽度	3.5 米
高度	3.3 米
重量	48 吨
最大速度	90 千米/小时

T-14 主战坦克在铺装路面行驶

T-14 主战坦克是俄罗斯基于阿玛塔重型履带通用平台研发的新一代主战坦克，尚未正式服役。

●研发历史

2009 年，俄罗斯乌拉尔研发与生产公司开始了阿玛塔重型履带通用平台的研发工作。这个平台搭载不同的系统，便可衍生为主战坦克、自行火炮、工程车辆、防空平台、重型步兵装甲战车等。2012 年，俄罗斯政府正式批准了 T-14 主战坦克研制项目。2013 年，样车在俄

T-14 主战坦克参加阅兵式

罗斯西部的下塔吉尔展出。每辆 T-14 主战坦克的造价约 380 万美元，原计划于 2020 年正式服役。然而，俄罗斯副总理于 2018 年 7 月对外表示，因为经济上的考量，俄罗斯不会大量生产 T-14 主战坦克，而是升级现有的主战坦克。

●车体构造

T-14 主战坦克首次在主战坦克上使用了无人遥控炮塔设计，3 名乘员全部集中在车体前部，其中右侧为车长，左侧前方为驾驶员，驾驶员身后是炮长，呈现出"品"字形布局。乘员位于安全封闭的多层装甲舱中，与弹药舱隔开。从提升防御性能的角度看，采用无人炮塔的好处一是有条件降低整车高度；二

T-14 主战坦克涉水行驶

是提高炮塔的装甲重量比例；三是利于人员的集中布置，提高生存性。T-14 主战坦克炮塔后部的尾舱尺寸很小，炮塔顶端两侧安装了可以 360 度旋转的烟幕弹发射器，同时还安装了专门向上发射的烟幕弹。

★ T-14 主战坦克尾部的栅栏装甲

●作战性能

T-14 主战坦克安装了"孔雀石"爆炸反应装甲，能够应对尾翼稳定脱壳穿甲弹和北约国家使用的反坦克炮弹。车体后部有栅栏装甲，能够抵御 50% ~ 60% 增程率的增程榴弹。T-14 主战坦克还配备了主动防御系统，炮塔和车体的连接部位至少有 5 个发射器，可以发射弹药拦截来袭的穿甲弹等。炮塔四周有主动毫米波雷达，可以探测对坦克进行攻击的各种目标。

T-14 主战坦克装有 1 门 2A82 型 125 毫米滑膛炮，可以使用各种俄罗斯制式 125 毫米炮弹。炮管没有装置排烟筒，因为是无人炮塔设计，因此不需要排烟，使得炮管结构可以造得更坚固，承受更大的膛压，在不增加口径的情况下获得更大的威力。辅助武器为 1 挺 12.7 毫米 Kord 重机枪和 1 挺 7.62 毫米 PK 通用机枪，均可遥控操作。

No.5 英国"挑战者"1主战坦克

基本参数	
长度	11.56 米
宽度	3.52 米
高度	2.5 米
重量	62 吨
最大速度	56 千米/小时

"挑战者"1主战坦克翻越陡坡

"挑战者"1（Challenger 1）主战坦克由英国研制，1983年开始装备部队，主要用于地面进攻和机动作战。

● 研发历史

20世纪70年代，英国按照伊朗的要求相继研制出FV4030/1、FV4030/2、FV4030/3等新型坦克。该系列坦克原计划生产1500辆以上，但1979年伊朗爆发伊斯兰革命，订单被取消。鉴于当时英国、德国坦克合作计划受挫，英国

训练场上的"挑战者"1主战坦克

国防部制订了 MBT-80 坦克计划以取代"酋长"主战坦克,但由于经费和技术问题搁浅。于是英国国防部在 FV4030/3 型的基础上,采用 MBT-80 计划已发展成熟的技术,推出 FV4030/4 型,并改称"挑战者"主战坦克。

● 车体构造

"挑战者"1 主战坦克体积庞大,是 20 世纪 70 年代以来重量较大的主战坦克之一。该坦克的总体布置与"酋长"主战坦克相似,但由于车体和炮塔均采用"乔巴姆"装甲,所以两者的外形差异很大。"挑战者"1 主战坦克的驾驶舱在车体前部,战斗舱在车体中部,动力舱在车体后部。驾驶员座位在车体前部中心位置,有一个单扇舱盖,舱盖可向上升起并向前水平旋转。驾驶舱与战斗舱相通,驾驶员可以经通道进入战斗舱和离开坦克。炮塔在车体中部,内有 3 名乘员,车长在火炮右边,炮长在车长前下方,装填手在火炮左边。车长和装填手的位置各有一个舱口盖,后者为双扇结构,向前向后对开。

★"挑战者"1 主战坦克右侧视角

高速行驶的"挑战者"1 主战坦克

● 作战性能

"挑战者"1 主战坦克的炮塔前部倾角较小,后部有储物筐。这种炮塔设计不利于乘员连续作战,核生化条件下长时间关窗驾驶,容易导致乘员疲劳。

"挑战者"1 主战坦克的主炮沿用"酋长"主战坦克的 L11A5 式 120 毫米线膛炮,可以发射 L15A4 式脱壳穿甲弹、L20A1 式脱壳弹、L31 式碎甲弹、L32A5 式碎甲教练弹、L34 式白磷发烟弹和 L23A1 式尾翼稳定脱壳穿甲弹,备弹 64 发。辅助武器为 1 挺 7.62 毫米 L8A2 并列机枪和 1 挺 7.62 毫米 L37A2 高射机枪。

No.6 英国"挑战者"2主战坦克

基本参数	
长度	8.3 米
宽度	3.5 米
高度	3.5 米
重量	62.5 吨
最大速度	59 千米/小时

"挑战者"2主战坦克前方视角

"挑战者"2（Challenger 2）主战坦克由英国研制，由"挑战者"1主战坦克衍生而来，主要用户为英国陆军和阿曼陆军。

● 研发历史

"挑战者"2主战坦克是英国第三种以"挑战者"命名的坦克，第一种是二战时期的"挑战者"巡航坦克，第二种是"挑战者"1主战坦克。"挑战者"2主战坦克是从"挑战者"1主战坦克衍生而来的，但两者仅有5%的零件可以通用。"挑战者"2主战坦克于1993年

高速行驶的"挑战者"2主战坦克

开始生产,1998 年正式服役。"挑战者" 2 主战坦克于 2002 年停止生产,总产量为 446 辆,其中英国陆军装备 408 辆,阿曼陆军装备 38 辆。

●车体构造

"挑战者" 2 主战坦克继承了"挑战者" 1 主战坦克的基本设计,不过炮塔引进隐身技术,取消了炮塔外部杂物箱等装备,而位于炮塔尾端的先进核生化防护系统与环境控制系统的通风口也被装甲保护,故整个炮塔外观极为简洁,使雷达截面积大幅降低,可减少被日益普及的毫米波雷达搜获、锁定的概率。

★ "挑战者" 2 主战坦克尾部视角

●作战性能

"挑战者" 2 主战坦克延续"挑战者" 1 主战坦克重视防护力的思维,大量使用英国开发的第二代"乔巴姆"复合装甲,并增加衰变铀装甲板夹层以增强对动能穿甲弹的防护力,内侧则增设"凯夫拉"内衬防止破片杀伤乘员。以往坦克车长只拥有广角的搜索瞄准具,而"挑战者" 2 主战坦克开创性地为车长配备了独立的搜索标定瞄准具,大大增加了接战效率。

"挑战者" 2 主战坦克的主炮是 1 门 120 毫米 L30A1 线膛炮,备弹 50 发。辅助武器为 1 挺 7.62 毫米并列机枪和 1 挺 7.62 毫米高射机枪。炮塔两侧各有一组五联装 L8 烟幕弹发射器,而且"挑战者" 2 主战坦克的发动机也可以制造烟雾。"挑战者" 2 主战坦克曾用穿甲弹在 5300 米距离上击毁 1 辆伊拉克陆军的 T-62 主战坦克,创下坦克最远击毁的世界纪录。

"挑战者" 2 主战坦克主炮开火

No.7 法国 AMX-56"勒克莱尔"主战坦克

基本参数	
长度	9.9 米
宽度	3.6 米
高度	2.53 米
重量	56.5 吨
最大速度	72 千米/小时

AMX-56"勒克莱尔"主战坦克前方视角

AMX-56"勒克莱尔"（Leclerc）主战坦克由法国地面武器工业集团研制，用以取代 AMX-30 主战坦克，主要服役于法国和阿拉伯联合酋长国。

● 研发历史

20 世纪 70 年代，法国陆军装备的 AMX-30 主战坦克已日渐老旧。1977 年，法国军方提出新坦克需求，但进口美国 M1"艾布拉姆斯"主战坦克、德国"豹"2 主战坦克和以色列"梅卡瓦"主战坦克的提议都未能通过。1986 年，法国启动了 AMX-56 主战坦克研制专案，并很快造出了样车。阿拉伯联合

★ AMX-56"勒克莱尔"主战坦克在山区行驶

酋长国也订购了400余辆，使法国可以有效降低单位平均成本。1990年，AMX-56"勒克莱尔"主战坦克正式服役，其名称是为了纪念二战时期法国陆军名将菲利普·勒克莱尔元帅。

●车体构造

AMX-56"勒克莱尔"主战坦克采用钢制全焊接车体与炮塔，车体与炮塔本身拥有一层基底装甲，炮塔四周可加挂复合装甲。车体为箱形可拆卸式结构，驾驶舱在车体左前部，车体右前部储存炮弹，车体中部是战斗舱，动力传动舱在车体后部。该坦克的侧裙包覆

AMX-56"勒克莱尔"主战坦克越过障碍

面积极大，采用两段式设计，中间以活动组件连接，侧裙下段装有可抑制灰尘的橡胶板，保护范围几乎达到承载轮中心。为了降低被发现的概率，车体表面使用新型低红外线/低视度迷彩树脂涂装，发动机废气排放前则先经过气冷系统与车外凉空气混合，以降低热信号与黑烟。

●作战性能

AMX-56"勒克莱尔"主战坦克的炮塔与车体正面的主装甲是由氧化铝陶瓷与高硬度钢板构成的复合装甲，其基本结构是由装甲钢制造的箱形结构来容纳陶瓷层。该坦克可以加挂模块化装甲的部位包括炮塔四周、炮盾、车体正面以及侧裙等，其装甲模块固定在车体预置的钩锁上，安装作业相当容易。该

高速行驶的AMX-56"勒克莱尔"主战坦克

坦克拥有全车加压式核生化（NBC）防护系统，自动灭火抑爆系统能迅速侦测出火源并瞬间将其扑灭，并使用无毒性的抑燃剂。

AMX-56"勒克莱尔"主战坦克使用法国地面武器工业集团制造的120毫米CN120-26滑膛炮，并且能够与美国M1"艾布拉姆斯"主战坦克和德国"豹"2主战坦克通用弹药。该坦克的火控系统比较先进，使其具备在50千米/小时的行驶速度下命中4000米外目标的能力。AMX-56"勒克莱尔"主战坦克的辅助武器为1挺7.62毫米高射机枪和1挺12.7毫米并列机枪。

No.8 德国"豹"2主战坦克

基本参数	
长度	7.69米
宽度	3.7米
高度	2.79米
重量	62吨
最大速度	70千米/小时

"豹"2主战坦克前方视角

"豹"2（Leopard 2）主战坦克是德国于20世纪70年代研制的主战坦克，其性能出色，在西方主战坦克中拥有突出的外销成绩。

● 研发历史

"豹"2主战坦克于20世纪70年代研制，其技术源于德国和美国的MBT-70坦克研制计划。1970年，MBT-70计划因达不到两国军方的要求而"流产"，德国在这项计划的设计基础上重新设计了车体、炮塔和火炮，发展成为"豹"2主战坦克。除德国外，土耳其、

"豹"2主战坦克编队训练

奥地利、新加坡、西班牙、瑞典、瑞士、智利、加拿大、丹麦、芬兰、希腊、荷兰、挪威等国家均采用了"豹"2主战坦克。

●车体构造

"豹"2主战坦克的车体由间隙复合装甲制成，分成3个舱：驾驶舱在车体前部；战斗舱在中部；动力舱在后部。驾驶员位于车体右前方，有一个向右旋转开启的单扇舱盖和3具观察潜望镜，中间的潜望镜可以更换成被动夜视潜望镜。驾驶舱左边的空间储存炮弹。炮塔在车体中部上方，车长和炮长位于右边，装填手位于左边。炮塔后部有一个可储存部分炮弹的大尾舱。炮塔顶上有两个舱盖，右边一个是车长舱盖，左边一个为装填手舱盖。炮塔左边有一个补给弹药用的窗口。

"豹"2主战坦克使用树枝增强伪装效果

●作战性能

"豹"2主战坦克装有集体式三防通风装置，其空气过滤器可从外部更换，并配有乘员舱灭火抑爆装置。该坦克的车体和炮塔采用的是间隙复合装甲，车体前端为尖角形，并对侧裙板进行了增强。炮塔外轮廓低矮，具有较强的防弹性，主炮弹药存储于炮塔尾舱，并用气密隔板将其和战斗舱隔离，在坦克中弹后不容易造成弹药殉爆。

炮塔旋转后的"豹"2主战坦克

"豹"2主战坦克使用莱茵金属公司生产的120毫米滑膛炮，炮管进行了镀铬硬化处理，具有较强的抗疲劳性和抗磨损性，发射标准动能弹的寿命为650发。火控系统由光学、机械、液压和电子件组成，采用稳像式瞄准镜，具有很高的行进间对运动目标射击命中率。此外，还装有激光测距仪、热成像仪以及多种其他电子设备。该坦克的辅助武器为1挺7.62毫米并列机枪和1挺7.62毫米高射机枪，两挺机枪一共备弹4754发。炮塔侧后部还安装有八联装烟幕发射器，两侧各有一组。

No.9 意大利 C1"公羊"主战坦克

基本参数	
长度	9.67 米
宽度	3.42 米
高度	2.5 米
重量	54 吨
最大速度	65 千米/小时

C1"公羊"主战坦克前方视角

C1"公羊"(Ariete)主战坦克是意大利于 20 世纪 80 年代研制,1995 年开始服役。

● 研发历史

1982 年,意大利提出研制新型主战坦克的计划,以替换 300 辆老旧的美制 M60"巴顿"主战坦克。新坦克由多家公司共同研制,其中奥托·梅腊拉公司研制主炮塔和主炮管,菲亚特公司研制车身,依维柯公司研制动力装置,伽利略公司研制火控系统,塞克尔公司研制三防装置。1984 年,C1"公羊"主

C1"公羊"主战坦克编队

战坦克完成整体规划及系统设计。1986年推出首辆原型车，经过长时间的测试和改进后，于1995年正式服役。

C1"公羊"主战坦克左侧视角

•车体构造

C1"公羊"主战坦克车内分为3个舱室：右前部是驾驶舱；中部是战斗舱；发动机和传动装置位于车体后部。驾驶员处有3具潜望镜，中间的潜望镜可换为被动式夜视潜望镜。炮塔在车体中部上方，呈长方形，左侧开有补弹窗，后部有一个大尾舱。炮塔内有3名乘员，车长在炮塔右侧，炮长在车长前下方，装填手在炮塔左侧，这也是第三代主战坦克的常规布置方式。车长和装填手的位置各有一个向后开启的单扇舱盖，车长位置的舱盖前有一个周视潜望镜。

•作战性能

C1"公羊"主战坦克的车体和炮塔用轧制钢板焊接而成，重点部位采用新型复合装甲，如第一、二负重轮位置处的装甲裙板也采用了复合装甲，可以有效防御来自侧面的攻击，保护坦克的驾驶员。作为第三代主战坦克，C1"公羊"主战坦克也配备了超压式全密封三防系统、自动灭火抑爆装置和烟幕发射装置。

C1"公羊"主战坦克的主炮是1门奥托·梅腊拉公司生产的120毫米滑膛炮，为德国RH120坦克炮的仿制品，弹药也可与RH120通用。辅助武器包括1挺与主炮并列安装的7.62毫米机枪和1挺安装在车长指挥塔盖上的7.62毫米高射机枪，高射机枪可由车长在车内遥控射击。

C1"公羊"主战坦克侧后方视角

No.10 以色列"梅卡瓦"主战坦克

基本参数	
长度	9.04 米
宽度	3.72 米
高度	2.66 米
重量	65 吨
最大速度	64 千米/小时

"梅卡瓦"主战坦克前方视角

"梅卡瓦"（Merkava）主战坦克是以色列于 20 世纪 70 年代研制，1978 年开始服役。

● 研发历史

"梅卡瓦"主战坦克的研制最早可以追溯到 1970 年，当时以色列召开了由财政部长主持的会议，有国防部、财政部以及其他相关人士参与，会议决定自主研制本国的第一款主战坦克，研制工作由以色列国防部坦克项目管理委员会（MANTAK）和以色列国防军合作完成。1978 年，第一辆"梅

高速行驶的"梅卡瓦"主战坦克

卡瓦"主战坦克交付以色列国防军,其后大量生产。由于以色列处在世界热点地区之一的中东,"梅卡瓦"主战坦克曾参与多次武装冲突。在 1982 年的黎以冲突中,"梅卡瓦"主战坦克以较小的代价击毁叙利亚 19 辆 T-72 主战坦克。在服役过程中,以色列不断对其进行改进,至今已经发展了四代。

"梅卡瓦"主战坦克在山区行驶

•车体构造

"梅卡瓦"主战坦克与世界主流主战坦克相比极具特色,为了提高坦克的正面防护能力,它采用了独特的动力传动装置前置的总体布局。车体内部由前至后分别为:动力-传动舱(前左)、驾驶室(前右)、战斗室和车厢。通常情况下,后部的车厢只装弹药,这也是"梅卡瓦"主战坦克的弹药基数大得惊人的缘故。必要时,后部车厢可载 8 名全副武装的步兵或 4 副担架。战斗室内,车长位于火炮右侧,炮长在车长的前下位置,装填手在火炮左侧靠后的部位。"梅卡瓦"主战坦克的炮塔呈尖嘴状,正面面积小,中弹率较低。后部有个大尾舱,放有电台和液压件。

•作战性能

"梅卡瓦"主战坦克的炮塔扁平,四周采用了复合装甲,这种炮塔外形可有效减少正面和侧面的暴露面积,降低被敌人命中的概率。车体四周也挂有模块化复合装甲,并在驾驶舱内壁敷设了一层轻型装甲,以加强驾驶员的安全。为了防御地雷袭击,该坦克还对底部装甲进行了强化。

第一代"梅卡瓦"主战坦

"梅卡瓦"主战坦克主炮开火

克使用的主炮为 105 毫米线膛炮,但从第三代开始换装了火力更强的 120 毫米滑膛炮。辅助武器为 2 挺 7.62 毫米机枪、1 挺 12.7 毫米机枪和 1 门 60 毫米迫击炮,迫击炮主要用于攻击隐藏在建筑物后面的敌方人员。

No.11 西班牙"豹"2E 主战坦克

基本参数

长度	7.7 米
宽度	3.7 米
高度	3 米
重量	63 吨
最大速度	72 千米/小时

"豹"2E 主战坦克侧前方视角

"豹"2E（Leopard 2E）坦克是德国"豹"2 主战坦克的一种衍生型，"E"代表西班牙语中的西班牙。该坦克主要供西班牙陆军使用，预计将服役到 2025 年。

● 研发历史

"豹"2E 主战坦克的改装计划始于 1994 年，由于"兰斯"主战坦克计划的取消，西班牙陆军向德国租借了 108 辆"豹"2A4 主战坦克，作为训练之用。与此同时，西班牙也开始在本国生产"豹"2 主战坦克，即"豹"2E 主战坦克，生产工作由圣塔巴巴拉公司负责。2003 年，圣塔巴巴

★ 西班牙陆军使用卡车运输"豹"2E 主战坦克

拉公司与通用动力公司合并,这引起了德国克劳斯·玛菲公司的不满,一度导致"豹"2E 主战坦克生产工作的延迟。目前,西班牙陆军一共装备了 219 辆"豹"2E 主战坦克。

"豹"2E 主战坦克在铺装路面行驶

●车体构造

"豹"2E 主战坦克是以"豹"2A6 主战坦克为基础,并采用"豹"2A5 主战坦克炮塔上附加的楔形装甲,使得炮塔抵挡尾翼稳脱壳穿甲弹的能力得到提升。"豹"2E 主战坦克与"豹"2A6 主战坦克的其他不同之处包括由萨帕公司生产的辅助动力系统、空调系统和为适应西班牙不规则地形,延长履带寿命而开发的橡胶护垫。

●作战性能

"豹"2E 主战坦克在车体斜侧、炮塔正面和炮塔顶部增设了大量装甲,使其全车重达 63 吨。该车在生产过程中就将装甲加以装配,而非如德国"豹"2A5 主战坦克和"豹"2A6 主战坦克生产后再附加。因此,"豹"2E 主战坦克是现役的"豹"2 系列主战坦克中防护力最好的一种。

"豹"2 主战坦克装备了德国莱茵金属公司的 120 毫米 L/55 坦克炮,还能换装 140 毫米主炮。辅助武器为 2 挺 7.62 毫米 MG3 通用机枪。车长与炮手可使用源于 BGM-71"陶"式导弹发射系统的热成像观测器,这些装备由英德拉和莱茵金属公司负责配置到坦克上。

训练场上的"豹"2E 主战坦克

No.12 波兰 PL-01 轻型坦克

基本参数	
长度	7 米
宽度	3.8 米
高度	2.8 米
重量	35 吨
最大速度	70 千米/小时

★ PL-01 轻型坦克概念图

　　PL-01 轻型坦克是波兰奥博茹姆公司（OBRUM）在英国宇航系统公司的支持下，基于瑞典 CV90120-T 轻型坦克设计的隐身轻型坦克，截至 2020 年初仍处于研发阶段。

● 研发历史

　　冷战时期，波兰具有生产坦克的能力，主要生产苏制 T-72 主战坦克。冷战结束后，波兰继续生产 T-72 主战坦克的改进型。2003 年，波兰从德国购入了 128 辆退役的"豹"2 主战坦克。2013 年，波兰再次决定从德国购进 105 辆退役的"豹"2 主战坦克。与此同时，

PL-01 轻型坦克（左）和 T-55 主战坦克（右）

雄心勃勃的波兰还试图自主研发世界上第一种隐身坦克。2013年9月，PL-01隐身轻型坦克在凯尔采的国际国防工业展览会上首次亮相，其设计参考了瑞典赫格隆防务公司（英国宇航系统公司的子公司）研制的CV90120-T轻型坦克（采用CV90步兵战车的底盘，搭载120毫米火炮）。除用于直接火力支援的坦克外，PL-01轻型坦克也能配置成指挥车、扫雷车或装甲维修车。

●车体构造

　　PL-01轻型坦克的布局与现代主战坦克类似：驾驶员位于车体前部，无人炮塔在车体后部。此外，车体内还载有指挥员和炮手以及一个能容纳4名步兵的后舱。底盘是基于CV90步兵战车改进的。其装甲采用模块化的陶瓷-芳香聚酰胺复合装甲，炮塔和车体上还加装有对投射物提供额外保护的装甲板。由于车体被吸波材料所完全覆盖，所以PL-01轻型坦克还是一种隐身坦克。动力方面，预计配备一台700千瓦以上的柴油发动机，与液力变矩器、自动变速器和辅助驾驶系统耦合。PL-01轻型坦克的7对车轮安装了悬挂，前两对和后两对带有装着主动阻尼扭杆的传动轴。

　　PL-01轻型坦克将在炮塔和车体内安装灭火系统、内部无线电通信系统、主动防御系统、战场管理系统、冷却排气系统、热掩蔽系统和空调过滤器。车组人员配备有特殊的座椅，以减少坦克周围的爆炸的影响。此外，车上还可能配备卫星导航系统和敌我识别系统。

PL-01轻型坦克左侧视角

●作战性能

　　PL-01轻型坦克的主武器是一门105毫米或120毫米的无人坦克炮，能发射炮弹和炮射导弹，符合北约标准。炮塔将会装备自动装弹机以确保6发/分钟的射速。坦克将携带45发弹药：16发储存在炮塔内随时准备发射，其余储存在底盘隔间内。坦克的副武器是一门7.62毫米UKM-2000C机枪，备弹1000发。额外武器将安装在遥控模块上，可选武器包括备弹8000发的7.62毫米机枪，备弹400发的12.7毫米机枪，以及备弹96发的40毫米自动榴弹发射器。除此之外，PL-01轻型坦克的炮塔内还内置了主动防御系统，可以拦截来袭的导弹和烟雾弹。所有武器均使用电子稳定系统，观测和瞄准系统将配备激光测距仪、全天候摄像头和第三代热成像仪，且所有数据都会经可视化处理显示在屏幕上。

　　PL-01轻型坦克在路面上的速度最高可达70千米/小时，在崎岖不平的地形上则可达50千米/小时；路面最大行驶距离为500千米，越野时则为250千米。它还可以攀爬30度的倾角，跨越宽至2.6米的壕沟，并在毫无准备的情况下越过深达1.5米的水域（有事先准备时则可以深达5米）。

PL-01轻型坦克前方视角

No.13 日本90式主战坦克

基本参数	
长度	9.76米
宽度	3.33米
高度	2.33米
重量	50.2吨
最大速度	70千米/小时

高速行驶的90式主战坦克

90式主战坦克是日本二战后研制的第三代主战坦克，1990年进入日本陆上自卫队服役。

●研发历史

90式主战坦克主要用于取代日本陆上自卫队的61式主战坦克和部分74式主战坦克，其研制工作始于20世纪70年代中期。1982年开始进行第一次整车试制，1990年进入日本陆上自卫队服役。90式主战坦克的研制总经费约300亿日元，每辆造价高达12.1亿日元（约850万美元）。日本陆上自卫队原计划采

90式主战坦克编队行驶

购 800 余辆 90 式主战坦克，但因价格昂贵，最终只采购了 340 余辆。

•车体构造

90 式主战坦克紧急制动

90 式主战坦克为传统的炮塔式坦克，车体和炮塔均用轧制钢板焊接而成。驾驶舱在车体左前方，车体中部是战斗舱，其上是炮塔。车体后部为动力-传动舱。炮塔内有 2 名乘员，车长位于火炮右侧，炮长位于火炮左侧。驾驶舱上装有若干个潜望镜，其中也可装入红外夜视仪。90 式主战坦克的轮廓和框架与德国"豹"2 主战坦克相似，车体和炮塔的形状扁平、方正，但车体比"豹"2 主战坦克更小更轻，车下部负重轮和车上部烟幕弹发射器也更少。

•作战性能

90 式主战坦克的炮塔前方与车身正面安装了三菱重工研发的新型复合装甲，其余重要部位则以间隙装甲补强，炮塔顶部也加装特殊装甲以抵抗日渐盛行的攻顶武器。该坦克的复合装甲以两片冷轧含钛高强镀钢板包夹纤维蜂窝状陶瓷夹层而成，两片外钢板内侧并装有轻金属。90 式主战坦克的炮塔正面仍维持早期型"豹"2 主战坦克的垂直造型，而非避弹性较佳的倾斜型，降低了防护效益。该坦克采用个人式的核生化防护装置，其进气口设于车体右侧，乘员需透过通气管与面具从中央过滤机获得干净空气。

90 式主战坦克的主炮为德国莱茵金属公司授权生产的 120 毫米滑膛炮，装有炮口校正装置、抽气装置和热护套，射速为 10～11 发/分钟。该坦克配有日本自制的自动装弹机，省去了装填手。90 式主战坦克使用的弹药主要为尾翼稳定脱壳穿甲弹和多用途破甲弹两种，其中尾翼稳定脱壳穿甲弹的初速达到 1650 米/秒，破甲弹为 1200 米/秒，备弹 40 发。该坦克的火控系统由激光测距仪、热成像仪、车长观测装置、炮长观测装置和火控计算机等部件组成，具备较高的行进间射击精度。90 式主战坦克的辅助武器为 1 挺 74 式 7.62 毫米并列机枪和 1 挺 12.7 毫米高射机枪。

90 式主战坦克行进间射击

No.14 日本 10 式主战坦克

基本参数	
长度	9.42 米
宽度	3.24 米
高度	2.3 米
重量	44 吨
最大速度	70 千米/小时

训练场上的 10 式主战坦克

10 式主战坦克是由日本防卫省技术研究本部主持、三菱重工生产的日本陆上自卫队新一代主战坦克，2012 年开始服役。

● 研发历史

21 世纪初，日本要求陆上自卫队形成快速反应能力，以应对反恐怖战争和反登陆作战。为此，陆上自卫队需要全新的数字化战车，以替换老旧的 74 式主战坦克。由于冷战时期研制的 90 式主战坦克过于沉重，只适合在北海道服役，因此必须全新研发新一代主战坦克，

10 式主战坦克前方视角

代号为 TK-X。新坦克由三菱重工承包生产，2010 年 7 月在日本陆上自卫队富士学校进行了机动性展示。2012 年 1 月，10 式主战坦克正式服役。

●车体构造

10 式主战坦克的外观与传统构型的坦克相似，但使用了大量先进科技。相较于 90 式主战坦克，10 式主战坦克的尺寸和重量有所减少，战斗重量降至 44 吨。得益于此，10 式主战坦克的回转半径与反应性都有所改善，其回转半径只有 90 式主战坦克（约 12 米）的一半。为了尽可能缩减车体长度，10 式主战坦克刻意加高车尾发动机室的高度，

★ 10 式主战坦克左侧视角

利用垂直的空间来安装发动机周边装备，尽量减少发动机套件占用的水平面积。由于车体长度缩短，10 式主战坦克只使用了 5 对负重轮。

●作战性能

10 式主战坦克的车体与炮塔采用滚轧均质钢甲制造，车头正面上部加装新型复合装甲，炮塔外侧加挂模块化装甲。复合装甲能同时抵挡高爆穿甲弹喷流与尾翼稳定脱壳穿甲弹的攻击，其防护效能优于英国"乔巴姆"复合装甲。10 式主战坦克的炮塔采用较为复杂的多面体倾斜造型，正面截面积较小，避弹能力优于单纯平面垂直状的 90 式主战坦克。然而，紧凑的设计也使 10 式主战坦克炮塔内人员活动空间与装备安装空间减少，对于乘员长时间作战能力以及后续升级改良能力都有一定影响。

10 式主战坦克配备 1 门日本自行研发的 120 毫米滑膛炮，基本设计与 90 式主战坦克的 120 毫米滑膛炮相同，但提高了膛压，炮塔尾舱内设有 1 具水平式自动装弹机来供应主炮所需的弹药。该炮的弹种除了传统的尾翼稳定脱壳穿甲弹、高爆穿甲弹、高爆榴弹外，还能使用一种程序化引信炮弹，其电子引信能在穿透三层墙壁之后才引爆弹头。10 式主战坦克的辅助武器为 1 挺 74 式 7.62 毫米机枪（备弹 12000 发）和 1 挺 12.7 毫米 M2HB 同轴机枪（备弹 3200 发）。

高速行驶的 10 式主战坦克

No.15 韩国 K1 主战坦克

基本参数	
长度	9.67 米
宽度	3.6 米
高度	2.25 米
重量	51.1 吨
最大速度	65 千米/小时

★ K1 主战坦克右侧视角

K1 主战坦克由美国通用动力公司和韩国现代汽车公司联合研制,1987 年开始服役,目前仍是韩国陆军的主要装备之一。

● 研发历史

1979 年,韩国向美国企业界提出了帮助韩国发展主战坦克的提议,美国有数家公司响应,表示愿意提供协助和技术支持。1980 年,韩国选定了克莱斯勒的子公司——克莱斯勒防务公司。1982 年,克莱斯勒防务公司并入通用动力公司。1983 年,第一辆 XK1 样车出厂,称为"机动性底盘实验车"。该样车是以美国

★ K1 主战坦克驶出登陆舰

M1"艾布拉姆斯"主战坦克为模板进行设计的,并根据韩国的地貌进行了修改。1983年12月,第二辆XK1样车出厂,称为"火控底盘实验车"。1984年,XK1样车经过试验基本定型后,正式命名为K1主战坦克并开始生产。1987年,K1主战坦克正式服役。在服役过程中,韩国不断对其进行改进,先后诞生了K1A1(2001年)、K1A2(2013年)和K1E1(2014年)等改进型。

★ K1主战坦克前方视角

●车体构造

K1主战坦克由美国通用动力公司负责设计定型,其车体、炮塔外形采取的低平、多平面的棱角组合,与M1"艾布拉姆斯"主战坦克的外形结构十分相似,但车体更低矮、紧凑。K1主战坦克采用常规结构布局,驾驶舱在前,战斗舱居中,发动机和传动装置位于后部。驾驶员位于车体内左侧,有一个可向上开启的舱盖。舱盖上面有3具昼用潜望镜,中间的潜望镜可换为被动式夜间驾驶潜望镜。车长位置配有一具法国制造的独立式双向稳定周视瞄准镜、一具周视潜望镜和一个可向后开启的舱盖。炮长位置配有双向稳定的昼/夜瞄准镜,以及铰接式辅助瞄准镜,放大倍率为8倍。

●作战性能

K1主战坦克采用复合装甲,具备一定的动能弹和化学能弹防护能力。该坦克采用吊杆与气动混合式悬挂,可以让车轮做出"坐、站、跪"三种坦克专业术语中的姿势。坐姿可以让坦克有较小轮廓外形,战场上容易掌握道路控制权。站姿可让坦克有较高越野性能。前后跪姿可加大坦克炮管仰角或俯角,以便命中低洼地的目标或向上打位置较高的据点,甚至是低空飞机。

K1主战坦克装备1门105毫米主炮,备弹47发。2001年问世的改进型K1A1使用了德国莱茵金属公司生产的120毫米滑膛炮,且升级了火控系统。该坦克的辅助武器为2挺7.62毫米同轴机枪和1挺12.7毫米高射机枪,并在炮塔前部两侧各装有一组六联装烟幕弹发射器。

K1主战坦克在乡间小路行驶

No.16 韩国 K2 主战坦克

基本参数	
长度	10 米
宽度	3.1 米
高度	2.2 米
重量	55 吨
最大速度	70 千米/小时

★ K2 主战坦克前方视角

　　K2 主战坦克是韩国国防科学研究所和现代汽车公司合作研制的新一代主战坦克，2014 年开始服役。

● 研发历史

　　虽然 K1 主战坦克和改良的 K1A1 坦克已经足够满足韩国陆军的作战需求，但韩国依然于 1995 年开始研发新坦克并着重于国内科技的采用。韩国国防科学研究所耗费 11 年时间和 2.3 亿美元，研制了 K2 主战坦克。新坦克超过 90% 零件是国产的，现代汽车公司、三星公司等韩国公司都负责生产各种零件。2013

★ K2 主战坦克侧后方视角

年，K2 主战坦克开始批量生产，翌年正式服役。

K2 主战坦克侧面装甲特写

• 车体构造

K2 主战坦克延续了 K1 主战坦克的设计，驾驶舱位于车体的左前方，车体中部是战斗舱，车体后部是动力舱。K2 主战坦克的炮塔类似于法国 AMX-56 "勒克莱尔"主战坦克的炮塔风格，炮塔正面和两侧装甲接近垂直，炮塔后面多了一个尾舱，里面装有自动装弹机。

• 作战性能

K2 主战坦克具备一系列新型电子防御功能，其装备的激光探测器可以即时告知乘员敌方激光束来自何方，并给予干扰屏蔽，先进的火控系统可以控制主炮准确攻击 4000 米距离以内的装甲目标，也可控制主炮击落低空飞行的敌机。此外，K2 主战坦克还在 K1 主战坦克的基础上对机械以及电子系统进行了大量改进，并使用了耐蚀耐热的合金装甲。

K2 主战坦克装备从德国引进的 120 毫米滑膛炮，具有自动装填功能，每分钟可发射 15 发炮弹。韩国同时从德国引进了一批 DM53 穿甲弹，使用 DM53 穿甲弹在 2000 米距离上可以轻易穿透 780 毫米厚度北约标准钢板。由于德国对 DM53 穿甲弹输出韩国有数量限制，韩国还自行研发了一种穿甲弹，可在 2000 米距离击穿 600 毫米厚度北约标准钢板。

K2 主战坦克主炮开火

No.17 印度"阿琼"主战坦克

基本参数	
长度	10.19 米
宽度	3.85 米
高度	2.32 米
重量	58.5 吨
最大速度	72 千米 / 小时

高速行驶的"阿琼"主战坦克

"阿琼"（Arjun）主战坦克是印度耗时 30 多年研制的一款主战坦克，其名称来源于印度史诗《摩诃婆罗多》中的人物阿周那（Arjuna）。

● 研发历史

"阿琼"主战坦克堪称是世界上研制时间最长的主战坦克。早在 1972 年，印度军方就提出使用新一代主战坦克来替代老式的"胜利"主战坦克，同年 8 月正式开始新型主战坦克方案研究。1974 年，印度政府批准"阿琼"主战坦克研制计划并拨款。1983 年，因样车研制失败推迟计划。1984 年，研制出 2 辆样

★ "阿琼"主战坦克参加阅兵式

车。1988年，10辆样车生产完成，并将其中6辆提交军方进行试验。1991年，印度陆军提议放弃"阿琼"主战坦克研制计划，但被否决。1996年，样车出现重大故障。直到2007年，印度国防部才宣布"阿琼"主战坦克可以服役。

•车体构造

"阿琼"主战坦克采用常规炮塔式结构，有4名乘员，武器安装在炮塔上，动力装置在车体后部。该坦克的设计适合在印度次大陆炎热而又潮湿的气候条件下使用，在仔细总结印度陆军实战经验的基础上，采用了许多非常规的解决方案。印度国防研究与发展局在优化设计战斗室和驾驶室时还分析了印度部队的人体测量数据，所有操纵和控制装置都在普通印度士兵方便触及范围之内，印度士兵通常较欧洲或美国士兵矮小和瘦弱。由于印度基础军事工业的不足，导致至今"阿琼"主战坦克仍需大量进口欧洲和美国的零件进行拼装，虽然原型车有73%的部件都是自行制造的，但实际生产时国产化率仅为40%。

★ 炮塔旋转后的"阿琼"主战坦克

•作战性能

"阿琼"主战坦克主要着重于硬防护，采用了印度自制的"坎昌"复合装甲，虽然印度宣称这种复合装甲与英国"乔巴姆"复合装甲的性能相近，但"坎昌"复合装甲在实际测试中的性能很差，有资料称这种装甲几乎相当于劣质锅炉钢材。

"阿琼"主战坦克的主炮为1门120毫米线膛炮，该炮可以发射印度自行研制的尾翼稳定脱壳穿甲弹、破甲弹、发烟弹和榴弹等弹种，改进型还可以发射以色列制的炮射导弹。辅助武器为1挺7.62毫米并列机枪和1挺12.7毫米高射机枪，另外炮塔两侧还各有一组烟幕弹发射装置。

"阿琼"主战坦克主炮开火

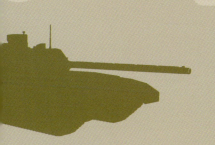

第 3 章
装甲车

　　装甲车是设有防护装甲的军用车辆的统称，其特点是具有高度的越野机动性能，有一定的防护和火力作用。装甲车分为履带式和轮式两种，一般装备 1～2 门中小口径火炮及数挺机枪，一些还装有反坦克导弹，其结构由装甲车体、武器系统、动力装置等组成。

No.18 美国 M113 装甲运兵车

基本参数	
长度	4.86 米
宽度	2.69 米
高度	2.5 米
重量	12.3 吨
最大速度	67.6 千米/小时

高速行驶的 M113 装甲运兵车

M113 装甲运兵车（M113 Armored Personnel Carrier）是美国于 20 世纪 50 年代研制的，因便宜好用、改装方便而被数十个国家采用。

● 研发历史

20 世纪 50 年代，美国食品机械化学公司（后被联合防卫公司并购）与凯撒铝业公司联合研发出可以作为造车材料用的铝合金，让装甲车设计师找到了满足防御力及重量平衡的解决方案。根据美国陆军的需求，食品机械化学公司提出了两种初期概念设计，即 T113 和

★ 伊拉克战场上的 M113 装甲运兵车

T117，前者就是后来的 M113 装甲运兵车。1960 年，M113 开始进入美国陆军服役。1964 年 M113A1 定型生产后，又先后发展了 M113A2、M113A3 等改进型号。为了适应现代战争的需要，1978 年和 1984 年美国又对 M113 和 M113A1 进行了两次现代化改进。

车体构造

★ M113 装甲运兵车侧前方视角

M113 装甲运兵车使用航空铝材制造，可使整车重量更轻，结构更紧密，同时拥有不逊于钢制车体的防护力。另外，还可使用重量较轻的小功率发动机。驾驶员位于车体左前方，其前方和左侧装有 4 具 M17 潜望镜，顶部舱盖上装有 1 具 M19 潜望镜，夜间驾驶时可换装红外或被动式夜视潜望镜。动力舱位于驾驶员右侧，舱内有灭火系统。载员舱在车体后部，可运载 11 名步兵，步兵坐在两侧长椅上，长椅可向上折叠，以便运输货物或做救护车用。

作战性能

M113 装甲运兵车的铝合金车体能保护车内人员不受枪弹或弹片的伤害，装甲厚度在 12～38 毫米之间。根据需要，该车可以外挂反应装甲、加强金属板或栅栏装甲（一种外挂式轻型装甲，主要用于抵御空心爆破战斗部的火箭弹）。M113 装甲运兵车可以水陆两用，水上行驶时用履带划水，最大速度为 5.6 千米 / 小时，水上转向与陆上相似。该车的爬越度为 60%，越墙高度为 0.61 米，越壕宽度为 1.68 米。

M113 装甲运兵车只需要 2 名乘员（驾驶员和车长），后方可以运送 11 名步兵。该车的主要武器是 12.7 毫米 M2 重机枪，由车长操作。此外，还可以加装 40 毫米 Mk 19 自动榴弹发射器、反坦克无后坐力炮甚至反坦克导弹。由于车上没有射孔，所以步兵不能在车上作战。

★ M113 装甲运兵车履带特写

No.19 美国 AIFV 步兵战车

基本参数	
长度	5.29 米
宽度	2.82 米
高度	2.79 米
重量	11.4 吨
最大速度	61 千米/小时

AIFV 步兵战车右侧视角

AIFV（Armored Infantry Fighting Vehicle）是由美国食品机械化学公司于 20 世纪 70 年代制造的履带式步兵战车，目前仍在荷兰、菲律宾和比利时等国家服役。

● 研发历史

1967 年，食品机械化学公司根据与美国陆军签订的合同，制造了 2 辆 MICV 步兵战车，命名为 XM765 型。这两辆样车是以 M113 装甲运兵车为基础研制的，主要改进是在车体上开了射孔，安装了全密闭式炮塔。第一辆样车于 1970 年制成，全密闭式炮塔位于车体中央、驾驶员和动力舱位置的后面，紧靠

★ 荷兰军队装备的 AIFV 步兵战车

其后为车长指挥塔。这样布置使车长前方视界太小,而后重新设计,使车长位于驾驶员的左后方,炮塔移到发动机的右后方,并正式将该车命名为 AIFV 步兵战车。

•车体构造

AIFV 步兵战车的车体采用铝合金焊接结构,为了避免意外事故,车内单兵武器在射击时都有支架。舱内还有废弹壳搜集袋,以防止射击后抛出的弹壳伤害邻近的步兵。驾驶员在车体前部左侧,在其前方和左侧有 4 具 M27 昼间潜望镜,中间一具可换成被动式夜间驾驶仪。车长在驾驶员后方,其位置有 5 具昼间潜望镜。载员舱在车体后部,可搭载 7 名步兵。

经过简单伪装后的 AIFV 步兵战车

•作战性能

AIFV 步兵战车的车体及炮塔都披挂有间隙钢装甲,用螺栓与主装甲连接。这种间隙装甲中充填有网状的聚氨酯泡沫塑料,重量较轻,并有利于提高车辆水上行驶时的浮力。该车的主要武器为 1 门 25 毫米 KBA-B02 机炮,备弹 320 发。机炮左侧有 1 挺 7.62 毫米 FN 并列机枪,备弹 1840 发。此外,车体前部还有 6 具烟幕弹发射器。

AIFV 步兵战车能用履带划水在水中行驶,入水前要将车前折叠式防浪板升起。该车在水中行驶时的最大速度为 6 千米/小时,在公路上的最大速度为 61 千米/小时,从静止状态加速到 32 千米/小时需要 10 秒。AIFV 步兵战车的爬坡度为 60%,越墙高度为 0.635 米,越壕宽度为 1.625 米,转向半径为 7.62 米。

高速行驶的 AIFV 步兵战车

No.20 美国 M2 "布雷德利" 步兵战车

基本参数	
长度	6.55 米
宽度	3.6 米
高度	2.98 米
重量	30.4 吨
最大速度	66 千米/小时

★ M2 "布雷德利" 步兵战车前方视角

M2 "布雷德利"（M2 Bradley）步兵战车是美国于 20 世纪 80 年代研制的履带式步兵战车，可独立作战或协同坦克作战。

● 研发历史

1972 年 4 月，美国陆军认为当时现役的 M113 装甲运兵车已经不适合战斗中的要求，于是推出了新的步兵战车发展计划。该计划得到了克莱斯勒集团、食品机械化学公司、太平洋汽车和铸造公司的积极响应，最终食品机械化学公司赢得了竞标。1975 年夏季，食品机械

高速行驶的 M2 "布雷德利" 步兵战车

化学公司生产出了 XM-732 步兵战车。XM-732 步兵战车后来按照美国军方的意见进行修改，1980 年被命名为 M2"布雷德利"步兵战车，1981 年正式量产，随后进入美国军队服役。

●车体构造

M2"布雷德利"步兵战车采用焊接铝合金车身，驾驶员位于车体前部左侧，其右为发动机，载员舱在车体右后部。车顶有双人电动炮塔，炮塔左侧为"陶"式反坦克导弹发射架。该车早期型号装备一套折叠式围帐附件，在下水之前由乘员安装，操作时间为 30 分钟。后期型号有一种安装在车辆前面和侧面的膨胀浮筒，采用类似水密舱分段设计，可在 15 分钟内完成准备工作。

M2"布雷德利"步兵战车侧前方视角

●作战性能

M2"布雷德利"步兵战车的装甲可以抵抗 14.5 毫米枪弹和 155 毫米炮弹破片。其中，车首前上装甲、顶装甲和侧部倾斜装甲采用铝合金，车首前下装甲、炮塔前上部和顶部为钢装甲，车体后部和两侧垂直装甲为间隙装甲。间隙装甲由外向内的各层依次为 6.35 毫米钢装甲、25.4 毫米间隙、6.35 毫米钢装甲、88.9 毫米间隙和 25.4 毫米铝装甲背板，总厚度达 152.4 毫米。车体底部装甲为 5083 铝合金，其前部 1/3 挂有一层用于防地雷的 9.52 毫米钢装甲。

M2"布雷德利"步兵战车的主要武器是 1 门 M242"大毒蛇"25 毫米机关炮，射速有单发、100 发/分钟、200 发/分钟、500 发/分钟四种，可由射手选择。战车炮塔还装有 1 挺 7.62 毫米并列机枪，以及 1 具 BGM-71"陶"式反坦克导弹发射架。除 3 名车组人员外，M2"布雷德利"步兵战车最多可以搭载 7 名乘员。

美国陆军士兵依托 M2"布雷德利"步兵战车作战

No.21 美国 M1117 装甲车

基本参数	
长度	6 米
宽度	2.6 米
高度	2.6 米
重量	13.47 吨
最大速度	63 千米/小时

M1117 装甲车俯视图

　　M1117 装甲车是美国达信海上和地面系统公司于 20 世纪 90 年代研制的四轮装甲车。1999 年美军购入该车作为宪兵用车，之后加强了装甲投入阿富汗和伊拉克战场，在火力密集区取代部分"悍马"装甲车的功能。

● 研发历史

　　20 世纪 90 年代，美国达信海上和地面系统公司赢得了美国陆军宪兵的警备装甲载具（ASV）计划的竞标。在制造 4 辆 XM1117 型原型车通过测试作业之后，达信海上和地面系统公司获得了第一批价值 5000 万美元的采购合约。

美国陆军 M1117 装甲车编队

2000年4月，第一辆M1117装甲车交付使用。2006年4月，美国陆军订购的M1117装甲车全部交付完毕，总产量超过1800辆。除美国外，罗马尼亚、保加利亚、哥伦比亚、伊拉克、阿富汗等国家也有采用。

• 车体构造

M1117装甲车的车长和驾驶员位于车体前部，车长和驾驶员位置顶部各有一个舱盖，以便于向车外观察。驾驶舱的前面和侧面设置了高强度的防弹玻璃。车体中央是载员舱和单人炮塔，后部是动力舱。除了驾驶员、车长和单人炮塔内的炮长外，载员舱还可

M1117装甲车在非铺装路面行驶

搭载10名士兵。M1117装甲车使用四轮独立驱动系统，易于操作、驾驶稳定，特别适用于城市狭窄街道。

• 作战性能

M1117装甲车采用全焊接钢装甲车体，表面披挂一层先进的陶瓷装甲。这种装甲系统被称为IBD模块化可延展性装甲系统，能够提供比普通装甲高得多的防护能力。M1117装甲车的防护性能介于"悍马"装甲车与"斯特赖克"装甲车之间，其装甲可承受12.7毫米口径重机枪弹、12磅（约5.4千克）地雷破片或155毫米炮弹空爆破片的杀伤。

M1117装甲车装有小型单人炮塔，炮塔内有1具40毫米Mk19榴弹发射器，辅助武器为1挺12.7毫米M2HB重机枪。炮长在单人炮塔内操纵武器进行射击，而不必探身车外，这样大大减少了乘员被击中的危险。此外，炮塔的两侧还各配置了一组向前发射的四联装烟幕榴弹发射器。

M1117装甲车涉水行驶

No.22 美国"悍马"装甲车

基本参数	
长度	4.6 米
宽度	2.1 米
高度	1.8 米
重量	2.34 吨
最大速度	105 千米/小时

★ "悍马"装甲车右侧视角

"悍马"装甲车由美国汽车公司（AMC）于20世纪80年代设计生产，正式名称为高机动性多用途轮式车辆（High Mobility Multipurpose Wheeled Vehicle，HMMWV 或 Humvee）。

● 研发历史

1979年，美国汽车公司根据美国陆军在军事战略上的需求，开始研发美国陆军的专用车辆——高机动性多用途轮式车辆，以替代旧式车辆。1980年7月原型车 HMMWV XM966 在美国内华达州的沙漠地区内历经各类严苛的测试后，取得美国陆军极高的评价。1983

"悍马"装甲车侧后方视角

年3月22日，美国汽车公司与美国陆军装甲及武器指挥部签订高达120亿美元（制造数量为55000辆）的生产合约。1985年1月2日起，首批"悍马"装甲车开始生产，并陆续交付美国陆军使用。此后，"悍马"装甲车的各种衍生型相继问世，逐渐形成一个大车族。

●车体构造

"悍马"装甲车使用通用电气公司生产的6.2升V8自然吸气直喷柴油发动机，整个动力系统（包括传动和驱动系统）都是移植自雪佛兰皮卡。该车拥有一个可以乘坐4人的驾驶室和一个帆布包覆的后车厢。4个座椅被放置在车舱中部隆起的传动系统的两边，这样的重力分配可以保证其在崎岖光滑的路面

"悍马"装甲车左侧视角

上有良好的抓地力和稳定性。车内每个座位下面都有一个小型储物箱。在副驾驶座的下面，则有一个2×12伏的电池组和一个小储物箱，同时副驾驶座椅的前方还有一个北约制式电源插座。

"悍马"装甲车在沙漠中行驶

●作战性能

"悍马"装甲车是一种具备特殊用途武器平台的轻型战术车辆，它可以改装成包括反坦克导弹、防空导弹、榴弹发射器、重机枪等各类武器发射平台或装备平台，美国陆军大多数武器系统均可安装在"悍马"装甲车上。"悍马"装甲车的战术机动性能非常出色，可在各种复杂地形上高速行驶，最大越进速度超过80千米/小时。"悍马"装甲车可由多种运输机或直升机运输并空投，具备一定的战略机动性。

"悍马"装甲车的载重负荷可以在870~2404千克的极限载荷之间随意变化（美国军方通常限制在1250千克以内）。其中一般的军用车辆和"陶"式导弹发射车都装备标准装甲，另一些型号则包覆着更重的装甲，并在不断地升级。同时，一些车辆为满足美国海军陆战队的要求而安装了特殊辅助装甲，扩大了装甲面积。

No.23 美国 L-ATV 装甲车

基本参数	
长度	6.25 米
宽度	2.5 米
高度	2.6 米
重量	6.4 吨
最大速度	110 千米/小时

★ L-ATV 装甲车侧前方视角

L-ATV 装甲车是美国奥什科什卡车公司研制的新型四轮装甲车，为美军"联合轻型战术车辆"（Joint Light Tactical Vehicle，JLTV）计划的胜出者，2019 年 1 月开始服役，逐步取代"悍马"装甲车。

● 研发历史

"联合轻型战术车辆"计划始于 2005 年，到 2012 年 3 月，英国宇航系统公司、通用动力公司、洛克希德·马丁公司、奥什科什卡车公司、美国汽车公司、纳威司达·萨拉托加公司等多家企业都提出了自己的 JLTV 方案。2012

L-ATV 装甲车进行越野测试

年8月，美国陆军和海军陆战队选定洛克希德·马丁公司、奥什科什卡车公司和美国汽车公司的提案进入工程和制造发展阶段。在经过对比测试之后，美国陆军于2015年8月宣布由奥什科什卡车公司的L-ATV装甲车得标，并计划在2040年以前装备5万辆L-ATV装甲车。此外，美国海军陆战队也计划装备5500辆。

★ L-ATV 装甲车侧后方视角

● 车体构造

L-ATV装甲车分为2座车型和4座车型，与"悍马"装甲车相比，L-ATV装甲车的配置更加先进。L-ATV装甲车可装配更多的防护装甲，标准版车型拥有抗雷爆能力，配备了简易爆炸装置（IED）检测装置。必要时，L-ATV装甲车还能搭载主动防御系统。

● 作战性能

L-ATV装甲车不仅可抵御步枪子弹的直接射击，还能在地雷或简易爆炸装置的袭击下最大限度地降低乘员的伤亡。该车的车顶可以搭载各种小口径和中等口径的武器，包括重机枪、自动榴弹发射器、反坦克导弹等。此外，还可安装烟幕弹发射装置。

L-ATV装甲车采用6.6升866T型涡轮增压柴油发动机，最大功率为224千瓦。即使L-ATV装甲车的重量超过"悍马"装甲车，但同样能达到110千米/小时的速度。L-ATV装甲车采用电子调节的TAK-4i独立式悬挂系统，可在实战越野时装配20英寸（1英寸=25.4毫米，下同）的轮胎，以获得更出色的脱困能力。与"悍马"装甲车一样，L-ATV装甲车也可以通过直升机进行运输。

车顶装有重机枪的 L-ATV 装甲车

No.24 美国"斯特赖克"装甲车

基本参数	
长度	6.95 米
宽度	2.72 米
高度	2.64 米
重量	16.47 吨
最大速度	100 千米/小时

高速行驶的"斯特赖克"装甲车

"斯特赖克"装甲车（Stryker Vehicle）是由美国通用动力公司设计生产的轮式装甲车，设计理念源于瑞士"食人鱼"装甲车。

● 研发历史

20世纪90年代后期，为了适应冷战后的战争情况，美国陆军需要开发一种介于防护能力强、机动性稍差的M2"布拉德利"步兵战车和机动性强、防护能力差的"悍马"装甲车之间的装甲车。2000年10月，美国陆军决定对加拿大的LAV-3装甲车进行改进，以开发出一种新装甲车，其结果就是"斯特赖

M1134 反坦克导弹车

克"装甲车。这种装甲车投入实战后出现了一些问题，美国陆军又对其进行了一系列改进。

"斯特赖克"装甲车族的主要型号包括M1126装甲运兵车、M1127侦察车、M1128机动炮车、M1129迫击炮车、M1130指挥车、M1131炮兵观测车、M1132工兵车、M1133野战急救车、M1134反坦克导弹车和M1135核生化监测车等。其中，M1126装甲运兵车是"斯特瑞克"装甲车族的基础型，其他型号都可以用即时套件升级方式从基础型改装而来，改装可以在前线战场上完成。

★ 美国陆军士兵从"斯特赖克"装甲车的车尾跳板式车门下车

•车体构造

"斯特赖克"装甲车是以"食人鱼"装甲车的底盘为基础研制而成的，采用8×8驱动型式，整车采用了降低热信号特征和声音信号特征的隐身措施。车体前部是驾驶舱和动力舱，驾驶舱在左侧，动力舱在右侧。车体中央是战斗舱，后部是载员舱。车长席位于动力舱的后方，他的位置最高，便于对外观察。车长席的右侧为步兵班长的专座，位置比车长席稍低。载员舱的两侧各有一条长椅，8名士兵面对面而坐。该车装有自救绞盘，可在淤陷等紧急情况下实施自救。

•作战性能

"斯特赖克"装甲车的车体为高硬度钢装甲全焊接结构，主要部位的装甲厚度为14.5毫米，可以抵御7.62毫米穿甲子弹和155毫米榴弹破片的攻击。在主装甲的外面，加装了轻质陶瓷附加装甲，共126～132块，因型号而异。加上陶瓷装甲后，可防300米处14.5毫米机枪弹的攻击。车体装甲内表面贴有"凯夫拉"防崩落衬层，车体外部装有栅栏装甲。车体底部和载员座椅经特殊设计，增强了防反坦克地雷的能力。

M1126装甲运兵车可容纳2名乘员（驾驶员和车长），能搭载一个全副武装的加强步兵班。该车的武器有1挺12.7毫米M2重机枪、1挺40毫米Mk 19自动榴弹发射器、1挺7.62毫米M240通用机枪等。该车具有较强的战略机动性，在战斗全重的状态下，C-130运输机可以运送1辆，C-17运输机可以运送3辆，C-5运输机可以运送5辆。

★ M1126装甲运兵车

No.25 苏联/俄罗斯 BMP-2 步兵战车

基本参数	
长度	6.74 米
宽度	2.94 米
高度	2.07 米
重量	14.3 吨
最大速度	65 千米/小时

BMP-2 步兵战车在泥泞路面行驶

BMP-2 步兵战车是 BMP-1 步兵战车的改良型，属 BMP 系列步兵战车的第二款。该车于 1980 年开始服役，目前仍有数十个国家的军队使用。

● 研发历史

二战后，经过了残酷的战争洗礼，苏联以装甲力量为核心的大纵深作战理论日趋成熟，同时，缺少能够伴随坦克部队突击的机械化步兵这一重大缺陷也显现出来，坦克骑兵和武装卡车终究只是应急之作。随着原子弹的发明和使用，类似的非封闭装甲车及战术注定要被淘

阿富汗军队装备的 BMP-2 步兵战车

汰。20 世纪 50 年代，苏联下达了研制步兵战车的标书。各大设计局为了争夺这个大订单纷纷拿出了自己的样车，最后帕维尔·伊萨科夫的履带式设计方案胜出，也就是后来的 BMP-1 步兵战车。BMP-2 步兵战车是 BMP-1 步兵战车的改进车型，1980 年开始批量生产，同年正式服役。在 1982 年莫斯科的阅兵式中，BMP-2 步兵战车首次公开亮相。

BMP-2 步兵战车在城区行驶

•车体构造

BMP-2 步兵战车采用了大型双人炮塔，将 BMP-1 步兵战车位于驾驶员后方的车长座椅挪到炮塔内右方，使其视野和指挥能力得以增强，驾驶员后方的座位用于步兵乘坐。全车分为 4 个舱，驾驶舱在车体前部左侧，动力舱在右侧，战斗舱位于中央，载员舱居后。驾驶舱用隔板与动力舱隔开，隔板能隔音隔热。载员舱可载全副武装士兵 6 人，为便于人员出入，车顶有两个舱口。载员舱两侧各有 3 个射孔，并有观察镜。

•作战性能

为增强防护能力，BMP-2 步兵战车的炮塔和车体均有附加装甲。车内有三防装置、灭火装置、浮渡时使用的救生器材以及热烟幕施放装置等。该车在水中由履带推进，能以 8 千米/小时的速度行驶，入水前竖起车前防浪板，并打开舱底排水泵。

BMP-2 步兵战车的主要武器为 1 门 30 毫米高平两用机关炮，采用双向单路供弹，弹药基数 500 发。直射距离为 1 千米，并且能在 2 千米距离上应对亚音速的空中目标。在车长和炮手位置顶部中间有 1 具反坦克导弹发射管，配有 4 枚"拱肩"反坦克导弹，其中 1 枚处于待发状态。辅助武器为 1 挺 7.62 毫米机枪，弹药基数 2000 发。此外，炮塔两侧各有 3 具烟幕弹发射器。

BMP-2 步兵战车在草地上行驶

No.26 苏联/俄罗斯 BMP-3 步兵战车

基本参数	
长度	7.14 米
宽度	3.2 米
高度	2.4 米
重量	18.7 吨
最大速度	72 千米/小时

BMP-3 步兵战车侧前方视角

BMP-3 步兵战车是苏联于 1986 年推出的 BMP 系列第三款步兵战车，1987 年正式投产并装备军队。

● 研发历史

BMP-2 步兵战车因采用的是 BMP-1 步兵战车的底盘，在发展上受到很大限制，不能满足苏军的要求。20 世纪 80 年代末期，苏军开始寻求全新的步兵战车。最初，新车型采用 685 项目轻型车的底盘，配装 30 毫米 2A42 型机关炮和 2 具反坦克导弹发射器，称为 688 项目车，因其武器火力

BMP-3 步兵战车编队

几乎没有提高而被放弃，随后换装了新型 2K23 炮塔系统，配装了 100 毫米 2A70 型线膛炮和 30 毫米 2A72 型机关炮各 1 门，以及 3 挺 7.62 毫米机枪。该车武器的配备达到苏军官方的认可，由此诞生了 BMP-3 步兵战车。

●车体构造

BMP-3 步兵战车载员舱内部特写

BMP-3 步兵战车采用箱形车体，车首呈楔形，车尾垂直。驾驶舱位于车体前部，战斗舱居中，载员舱和动力舱后置。该车打破了履带式步兵战车的传统设计布局，采用独特的发动机后置方案，这样做主要是在考虑到车辆重心的布置和水上平衡设计的同时，还可以增大车首装甲板的倾斜角度，以提高其防护力，不过也造成了载员上下车不便的问题。

●作战性能

BMP-3 步兵战车的车体和炮塔为铝合金装甲全焊接结构，重要部位加装轧制钢板附加装甲或间隔装甲。前装甲相当于 70 毫米钢装甲的防护水平，可抵御 500 米以外的 30 毫米穿甲弹的攻击。其余部位可防轻武器和炮弹破片的攻击。车内有超压式三防系统、灭火抑爆系统、热烟幕系统。车体下部的推土铲，既可以进行工程作业，也可以起到辅助防护作用。

BMP-3 步兵战车的炮塔上装有 1 门 100 毫米 2A70 型线膛炮，能发射破片榴弹和 AT-10 炮射反坦克导弹。在 2A70 型线膛炮的右侧为 30 毫米 2A72 型机炮，最大射速为 330 发/分钟，发射的弹种有穿甲弹和榴弹等。BMP-3 步兵战车的辅助武器为 3 挺 7.62 毫米 PKT 机枪，分别备弹 2000 发。除了固定武器外，车上还有 2 挺便携式轻机枪，以及载员使用的 6 支 AK-74 突击步枪和 26 毫米信号枪等。

BMP-3 步兵战车在泥泞路面行驶

No.27 苏联/俄罗斯 BTR-80 装甲运兵车

基本参数	
长度	7.7 米
宽度	2.9 米
高度	2.41 米
重量	13.6 吨
最大速度	80 千米/小时

BTR-80 装甲运兵车侧前方视角

　　BTR-80 装甲运兵车是苏联于 20 世纪 80 年代研制的轮式装甲车，主要用于人员输送。目前，BTR-80 装甲运兵车仍然在俄罗斯军队服役。

●研发历史

　　20 世纪 80 年代，苏军主要的装甲人员运输车是 BTR-70。虽然与上一代的 BTR-60 装甲运兵车相比，BTR-70 已经有了非常大的改善，但是 BTR-70 仍然存在双汽油发动机设计复杂、耗油量较大等问题。为此，苏联开始设计代号为 GAZ-5903 的装甲人员运输

俄军士兵坐在 BTR-80 装甲运兵车顶部

车。新的装甲人员运输车的总体布局与 BTR-70 装甲运兵车相同,但是更换了新的机械设备。1984 年,在通过国家测试之后,GAZ-5903 以 BTR-80 的编号进入苏军服役。1987 年 11 月,BTR-80 装甲运兵车在莫斯科举行的阅兵式上首次公开露面。

• 车体构造

BTR-80 装甲运兵车右侧视角

BTR-80 装甲运兵车的驾驶舱位于车体前部,战斗舱和载员舱位于车体中部,动力舱位于车体后部。该车有 3 名车组人员(驾驶员、车长和炮手),并可以搭载 7 名乘员。BTR-80 装甲运兵车的车体顶部装甲板上有两个舱门,乘员可以从那里上下车辆,但是乘员主要通过位于炮塔后、车体两侧的大型双叶门上下车。车长和驾驶员位置有两个独立的半圆形舱门用于上下车。此外,BTR-80 装甲运兵车还有很多舱口用于检修发动机和变速箱。

• 作战性能

BTR-80 装甲运兵车的装甲防护相当薄弱,车身各处的装甲厚度在 5～9 毫米之间,材质为轧制钢板。车体正面的装甲板拥有相当大的角度,但其余部位的装甲板的角度很小。BTR-80 装甲运兵车可以水陆两用,水上行驶时靠车后单个喷水推进器推进,水上速度为 9 千米 / 小时。当通过浪高超过 0.5 米的水障碍时,可竖起通气管不让水流进入发动机内。该车有防沉装置,一旦车辆在水中损坏也不会很快下沉。

BTR-80 装甲运兵车的炮塔位于车体中央位置,炮塔顶部可 360 度旋转,其上装有 1 挺 14.5 毫米 KPVT 大口径机枪,辅助武器为 1 挺 7.62 毫米 PKT 并列机枪。KPVT 机枪用于对抗敌方轻装甲目标,可发射 B32 穿甲燃烧弹、BZT 穿甲燃烧曳光弹、BLS 穿甲燃烧碳化钨芯弹和 RFP 燃烧弹等。而 PKT 机枪主要用于对抗敌人步兵,备弹 2000 发,可搭载 8 条弹链。此外,车内可携带 2 枚 9K34 导弹或 9K38 "针"式单兵防空导弹和 1 具 RPG-7 反坦克火箭筒。

BTR-80 装甲运兵车准备涉水行驶

No.28 俄罗斯 BTR-82 装甲运兵车

基本参数	
长度	7.7 米
宽度	2.9 米
高度	2.41 米
重量	13.6 吨
最大速度	90 千米/小时

★ BTR-82 装甲运兵车左侧视角

BTR-82 装甲运兵车是俄罗斯研制的 8×8 轮式装甲运兵车，由 BTR-80 装甲运兵车改进而来，2011 年开始服役。

● 研发历史

BTR-82 装甲运兵车是 BTR-80 装甲运兵车（8×8）的最新衍生版本，原型车于 2009 年 11 月制造完成。在通过俄罗斯陆军的测试之后，BTR-82 装甲运兵车于 2011 年开始装备部队。2014 年 8 月，俄罗斯波罗的海舰队下辖的海军步兵开始进行 BTR-82 装甲运

BTR-82 装甲运兵车在山区行驶

兵车的泅渡试验,以测试该车水上作战时的密闭性能。2015 年,俄军装备的 BTR-82 装甲运兵车参加了叙利亚的战争。

•车体构造

BTR-82 装甲运兵车仍然延续了 BTR-80 装甲运兵车一些设计上的限制,如后置式发动机。这种布局使得车内人员必须通过侧门离开车辆,直接暴露在敌人的炮火下。BTR-82 装甲运兵车的车身两侧各有 4 个负重轮,车体前下装甲向后倾斜至前负重轮位置。车顶水平,炮塔位于车体前部中央位置。

BTR-82 装甲运兵车侧后方视角

•作战性能

BTR-80 装甲运兵车的车体可全方位抵御 7.62 毫米子弹的攻击,正面防护装甲能抵御 12.7 毫米子弹的攻击。而 BTR-82 装甲运兵车的防护性能更好,但是不能使用附加装甲。BTR-82 装甲运兵车基本型的主要武器是 1 挺 14.5 毫米机枪,而改进型 BTR-82A 则安装了 30 毫米机关炮。辅助武器是 1 挺 7.62 毫米机枪。

BTR-80 装甲运兵车的动力装置为 1 台最大功率为 220 千瓦的柴油发动机,使其最大公路速度达到 90 千米/小时,爬坡度为 60%,越墙高度为 0.5 米,越壕宽度为 2 米。该车可以在水中行驶,最大前进速度为 10 千米/小时。

★ BTR-82 装甲运兵车参加军事演习

No.29 俄罗斯"回旋镖"装甲运兵车

基本参数	
长度	8米
宽度	3米
高度	3米
重量	25吨
最大速度	100千米/小时

"回旋镖"装甲运兵车头部视角

"回旋镖"（Bumerang）装甲运兵车是俄罗斯最新研制的轮式两栖装甲运兵车，用于取代BTR-80系列装甲运兵车。

● 研发历史

20世纪90年代早期，俄罗斯研制出BTR-90装甲运兵车，虽然这种新式装甲运兵车的性能优于BTR-80装甲运兵车，但造价十分昂贵，最终未能大量装备部队。2011年，俄罗斯联邦国防部公开表示将不会采购BTR-90装甲运兵车，同时对外发布了一项模组化轮式装

"回旋镖"装甲运兵车编队

甲车系列的采购需求。2012年2月,时任俄罗斯陆军总司令的亚历山大·波斯特尼柯夫上将对外表示俄军将于2013年接收第一辆"回旋镖"装甲运兵车的原型车。2015年,"回旋镖"装甲运兵车在莫斯科胜利日阅兵的预演中首次公开亮相。

• 车体构造

"回旋镖"装甲运兵车的车体高大,前上装甲倾斜明显,车体两侧和车尾基本竖直。炮塔位于车体中央。与俄罗斯BTR系列装甲运兵车不同,"回旋镖"装甲运兵车的发动机安装在车体前方,而不是车体尾部。该车设有后门及车顶舱门,以供乘员进出。车体每侧有4个负重轮。车尾有两具喷水推进装置,使其拥有克服水流并快速前进的能力。

★ "回旋镖"装甲运兵车侧后方视角

• 作战性能

"回旋镖"装甲运兵车采用先进的陶瓷复合装甲,并应用了最新的防御技术来避免被炮火击中。该车的动力装置是1台UTD-32TR涡轮增压柴油发动机,最大功率为375千瓦。

"回旋镖"装甲运兵车有3名车组人员,并可搭载9名士兵。该车的主要武器是1门30毫米机关炮、1挺遥控操作的7.62毫米机枪(或12.7毫米机枪)以及4枚反坦克导弹,火力远强于美国"斯特赖克"装甲车。

"回旋镖"装甲运兵车俯视图

No.30 俄罗斯"虎"式装甲车

基本参数	
长度	5.7 米
宽度	2.4 米
高度	2.4 米
重量	7.2 吨
最大速度	140 千米/小时

★ "虎"式装甲车左侧视角

"虎"(Tiger)式装甲车是俄罗斯嘎斯汽车公司于21世纪初研制的轮式轻装甲越野车,2006年开始服役。

● **研发历史**

在第一次车臣战争(1994～1996年)期间,俄罗斯军队装备的BTR系列装甲运兵车以及UAZ-469B系列轻型指挥车,在车臣叛军RPG火箭弹、DShK重机枪等火力的围攻下损失惨重。1997年,俄罗斯军队装备部门着手研发一款类似美军"悍马"装甲车的轮式轻

"虎"式装甲车编队

型装甲车,用于执行城市反恐任务,以及丘陵地区的突击作战任务。新型装甲车的研发任务由嘎斯汽车公司承担,其成果就是"虎"式装甲车。该车于2006年正式服役,至2014年约有4万台"虎"式装甲车成为俄罗斯军队制式装备,有不同的改型车充当警用车、特种攻击车、反坦克发射车以及通信指挥车。

● 车体构造

★"虎"式装甲车右前部视角

"虎"式装甲车采用非承载式车身、前置动力、四轮驱动的设计,前发动机舱外壳采用一体化带装甲防护的车身结构。前格栅与侧梁采用焊接总成形式安装到前纵梁与侧围上。前格栅采用双层带防护内板结构,可对散热器进行二次保护。前格栅和侧梁焊接在一起,不仅可以提高防护能力,更重要的是便于动力总成从车身整体吊装。如果有必要,可将发动机(包括散热器冷凝器)以及变速器整体吊装进行更换或维修。

● 作战性能

与俄罗斯之前的装甲车相比,"虎"式装甲车的装甲防护得到了极大的加强,整车更是配置了核生化三防系统。"虎"式装甲车的车体由厚度为5毫米、经过热处理的防弹装甲板制成,可有效抵御轻武器和爆炸装置的攻击。该车可以搭载10名全副武装的步兵,有效载荷为1.5吨。

"虎"式装甲车可以搭载多种武器,包括7.62毫米PKP通用机枪、12.7毫米Kord重机枪、AGS-17型30毫米榴弹发射器、"短号"反坦克导弹发射器等。其中,"短号"反坦克导弹发射器安装在可升降的平台上,车上还配有电视/红外瞄准具,集成了高分辨率电视摄像机、第三代热像仪、内置式激光测距机和激光导弹制导通道,带自动目标跟踪功能的瞄准系统,使得"虎"式装甲车在反坦克作战时实现了"发射后不管"。

★"虎"式装甲车进行越野测试

No.31 乌克兰 BTR-4 装甲运兵车

基本参数	
长度	7.65 米
宽度	2.9 米
高度	2.86 米
重量	17.5 吨
最大速度	110 千米/小时

★ 高速行驶的 BTR-4 装甲运兵车

BTR-4 装甲运兵车是乌克兰于 21 世纪初研制的 8×8 轮式装甲运兵车，2009 年开始服役。

● 研发历史

BTR-4 装甲运兵车是乌克兰以苏联时代的 BTR-60/70/80 装甲运兵车为基础自行研发的，总体沿用了 BTR-80 装甲运兵车的布局，但在细节设计上向德国"狐"式装甲车靠拢。除用于完成常规作战任务以外，BTR-4 装甲运兵车还可以用于完成多种作战任务，包括防空、

BTR-4 装甲运兵车在水中行驶

战场救护、战地指挥、火力支援和侦察等。除装备乌克兰陆军外,该车还被伊拉克陆军、哈萨克斯坦陆军等部队采用。

● **车体构造**

BTR-4装甲运兵车的车首布局可提供给驾驶员和车长良好的前向及侧向视野,观察范围比BTR-80装甲运兵车更佳。车长及驾驶员的位置在车体前部,车长在右边,驾驶员在左边。驾驶员、车长座椅均为整体吊装式,可依身高进行调节并能向左右转动。宽敞的

BTR-4装甲运兵车侧前方视角

载员舱前方可安装多种炮塔。车尾有两扇分别向左右开启的舱门,载员舱上方也有两扇舱门。载员舱两侧分别设有4个射击孔,在右侧尾门上也有一个射击孔,可供乘员用随身武器向外射击。

BTR-4装甲运兵车准备涉水行驶

● **作战性能**

BTR-4装甲运兵车可抵御100米内发射的12.7毫米口径子弹和155毫米口径榴弹破片的袭击。若加装模块化附加装甲,防弹能力可进一步提高。该车的动力装置为一台3TD柴油发动机,最大功率为372千瓦。根据不同客户的要求,还可换装德国道依茨365型柴油发动机,最大功率为445千瓦。

BTR-4装甲运兵车的主要武器是1门30毫米机关炮,还可装备4枚反坦克导弹。该车的载员数量因所选装的武器系统不同而有所不同,基本型可运载8人。

No.32 英国"风暴"装甲运兵车

基本参数	
长度	5.27 米
宽度	2.76 米
高度	2.49 米
重量	12.7 吨
最大速度	80 千米/小时

"风暴"装甲运兵车在非铺装路面行驶

"风暴"（Stormer）装甲运兵车是英国阿尔维斯汽车公司在"蝎"式轻型坦克基础上研制的履带式装甲运兵车。

● 研发历史

20 世纪 70 年代，英国军用车辆与工程设计院在阿尔维斯汽车公司"蝎"式轻型坦克的基础上研制出了 FV4333 装甲运兵车。1980 年，阿尔维斯汽车公司获得了这种车辆的生产和销售权，在进一步改进后，于 1981 年定名为"风暴"装甲运兵车。除装备英国陆军外，

"风暴"装甲运兵车左侧视角

该车还出口到印度尼西亚、马来西亚、阿曼等国家。

•车体构造

"风暴"装甲运兵车有驾驶员、车长兼机枪手和步兵班长 3 名车组人员,驾驶员位于车体前部左侧,动力舱在其右侧。驾驶员前面有一具可用微光夜视仪替换的潜望镜。车长位于驾驶员后方的指挥塔内,车长座椅可沿垂直轴液压驱动装置上下滑动,迅速降到车体内。步兵班长位于车长右侧,其位置有 4 具潜望镜。载员舱在车体后部,有 8 名士兵面对面坐在两侧,座椅可向上折叠以储存货物。步兵通过车后一扇向右打开的大门上下车,门上有一具观察镜。载员舱顶部有向两侧打开的大型舱盖。

"风暴"装甲运兵车侧前方视角

•作战性能

"风暴"装甲运兵车的车体由铝合金装甲焊接而成,为了增强防护力,车体还附加有披挂式装甲。车体左侧、车长位置下方有三防装置和空调设备。此外,车体前部每侧装有 4 具电动烟幕弹发射器。"风暴"装甲运兵车无准备时可涉水深 1.1 米,可安装浮渡围帐,水上行驶靠履带划水,速度 6.5 千米/小时。当附加水上推进器后,速度为 9.6 千米/小时。

"风暴"装甲运兵车的武器通常安装在车顶前部,其后有舱盖。炮塔两侧待发位置各有 4 枚"星光"地对空导弹。车顶还可以选择安装多种武器,包括 7.62 毫米机枪、12.7 毫米机枪、20 毫米加农炮、25 毫米加农炮、30 毫米加农炮、76 毫米火炮和 90 毫米火炮等。

"风暴"装甲运兵车发射"星光"地对空导弹

No.33 英国"武士"步兵战车

基本参数	
长度	6.3 米
宽度	3.03 米
高度	2.8 米
重量	25.4 吨
最大速度	75 千米/小时

"武士"步兵战车头部视角

"武士"(Warrior)步兵战车是英国于 20 世纪 80 年代设计制造的履带式步兵战车,1988 年开始服役。

● 研发历史

1967 年,英国陆军计划开发新一代的装甲运兵车,1972～1976 年完成初步的方案论证,并拟订出研发计划。1977 年,英国国防部选择桑基防务公司作为主承包商,负责进行第二阶段的研发。与此同时,美国推出了 M2 "布雷德利"步兵战车,1978 年,英国军方考

高速行驶的"武士"步兵战车

察了 M2 步兵战车，并进行多项测试。随后，英国调整了研发方向，计划名称改为 MCV-80。1979 年，英国军方正式展开 MCV-80 的研发工作。1984 年，10 辆 MCV-80 原型车制造完成，随后在波斯湾地区进行沙漠环境的适应性测试。1985 年，MCV-80 被英国国防部正式命名为"武士"步兵战车。1988 年，该车进入英国陆军服役。

●车体构造

"武士"步兵战车采用传统布局，驾驶员位于车体前方左侧，其右侧为发动机舱，驾驶席设有 3 具潜望镜。炮塔内有车长与炮手，车尾载员舱内可容纳 7 名士兵，由车尾一扇向右开启的电动舱门进出。载员舱顶设有两扇分别向左、右开启的舱门，士兵能露出上半身观测、射击或跳车。此外，车体左侧还有一扇较宽的舱门。

炮塔旋转后的"武士"步兵战车

●作战性能

"武士"步兵战车的装甲以铝合金焊接为主，能抵挡 14.5 毫米穿甲弹以及 155 毫米炮弹破片的攻击。该车拥有核生化防护能力，核生化防护系统为全车加压式，并考虑到了长时间作战下的人员需求。

★ 装有栅栏装甲的"武士"步兵战车

"武士"步兵战车的车体中央有一座双人炮塔，装备 1 门 30 毫米机炮（备弹 250 发）和 1 挺 7.62 毫米同轴机枪（备弹 2000 发），炮塔两侧各有 1 具"陶"式反坦克导弹发射器。该车采用与"挑战者"主战坦克同系列的"秃鹰"柴油发动机，拥有极佳的机动能力，最大爬坡度 31 度，最大涉水深度 1.3 米。

No.34 法国 VAB 装甲车

基本参数	
长度	5.98 米
宽度	2.49 米
高度	2.06 米
重量	13.8 吨
最大速度	110 千米/小时

VAB 装甲车头部视角

VAB 装甲车是法国军队现役的主力轮式装甲车，1976 年开始服役，其构型有 4×4 和 6×6 两种，衍生型极多。

● 研发历史

20 世纪 60 年代末，法国决定陆军中的机械化部队装备 AMX-10P 履带式步兵战车，其他陆军部队配备轮式装甲人员输送车，并于 1969 年对轮式装甲人员输送车提出了设计要求。1972～1973 年，法国雷诺汽车公司根据上述要求，设计出 VAB 样车。1974 年，法国对 VAB 装甲车进行了一系列战术、技术试

★ 阿富汗战场上的 VAB 装甲车

验。1976 年，第一批生产型 VAB 装甲车交付法国陆军。此后，该车相继出口到意大利、卡塔尔、印度尼西亚、摩洛哥、科威特等多个国家。

VAB 装甲车载员舱特写

•车体构造

VAB 装甲车的车体前部是驾驶舱，左侧是驾驶员位置，右侧是车长位置。驾驶舱后面是动力舱，配备了独立的灭火系统。车体后部是载员舱，里面可容纳 10 名全副武装的士兵，从后门上下车。

•作战性能

VAB 装甲车的车体由高强度钢板焊接而成，能够抵挡 100 米距离内的 7.62 毫米枪弹和弹片的杀伤。法军装备的 VAB 装甲车都有三防装置，出口型可根据订货方的要求安装。VAB 装甲车有足够的浮渡能力，水上行驶时，可竖起车前防浪板，并靠在车后两侧的喷水推进器推进。

VAB 装甲车的车载武器是安装在车长上方顶甲板的 CB52 枪塔，配备 1 挺 7.62 毫米 AA-52 通用机枪。机枪俯仰范围为 –15 度 ~ +45 度，对空时俯仰范围可为 –20 度至 +80 度。另外，还可安装 TLi52A 枪塔，配备 1 挺 12.7 毫米 M2HB 机枪。该车的出口型可根据订货方的要求安装其他武器，包括导弹和火炮等。

VAB 装甲车左侧视角

No.35 法国 VBCI 步兵战车

基本参数	
长度	7.6 米
宽度	2.98 米
高度	3 米
重量	25.6 吨
最大速度	100 千米/小时

高速行驶的 VBCI 步兵战车

VBCI（法语 Véhicule Blindé de Combat d'Infanterie）步兵战车是法国新一代步兵战车，2008 年开始服役。

● 研发历史

20 世纪 90 年代，法国提出了新型战车的设计要求，其内容包括战车采用标准模块化保护组件，能够适应各种威胁；安装先进的 SIT 终端信息系统来实现智能化；装备先进多传感器光电瞄准具，具有准确、快速的昼夜作战能力等。之后，法国地面武器工业集团和雷诺公

VBCI 步兵战车侧前方视角

司合力研发这种新型战车，并于 2005 年成功推出了 VBCI 步兵战车。

• 车体构造

VBCI 步兵战车右侧视角

VBCI 步兵战车的车体由前至后分别是驾驶舱和动力舱、战斗舱和载员舱。车体前部左侧为驾驶舱，这是一个独立的舱室，有隔板和动力舱隔开，又有通道和后部相连通。驾驶舱盖向右打开，其前方有 3 具潜望镜，中间一具可换为夜视镜，驾驶员的座席可调。动力舱位于右侧，前部是发动机和变速箱，稍后是水散热器。动力舱的上部有一个尺寸很大的检查窗，便于维修保养和整体更换发动机及变速箱。战斗舱也是独立的，用筒状格网和其他部分隔开，战斗舱的位置稍稍偏右，其左侧留出通道。后部的载员舱较宽敞，8 名步兵分两排面对面而坐。

• 作战性能

VBCI 步兵战车的车体采用高强度铝合金制成，带有防弹片层，并装有钢附加装甲，提供了良好的防护能力。车上装有光学激光防护系统，车底装有防地雷模块，并且还装有 GALIX 自动防护系统。如果某个车轮被地雷摧毁，车辆能使用剩余的车轮驱动。

VBCI 步兵战车可搭载 8 名步兵，车组人员由驾驶员、炮长和车长组成，共计 11 名战斗人员。该车的主要武器为 1 门 25 毫米机炮，辅助武器为 1 挺 7.62 毫米同轴机枪。VBCI 步兵战车底盘的设计使其可安装多种其他武器系统，包括 120 毫米低后坐力滑膛炮。

法军士兵从 VBCI 步兵战车的车尾跳板式车门下车

No.36 德国"野犬"全方位防护运输车

基本参数	
长度	6.08 米
宽度	2.3 米
高度	2.5 米
重量	11.9 吨
最大速度	90 千米/小时

★ "野犬"2 全方位防护运输车左侧视角

"野犬"（Dingo）全方位防护运输车是德国国防军现役的军用装甲车，主要有"野犬"1和"野犬"2两种型号。

●研发历史

21世纪初，德国克劳斯·玛菲-威格曼公司自筹资金研制了一批装甲车辆，包括"拳师犬"装甲运兵车和"野犬"全方位防护运输车等。"野犬"全方位防护运输车使用乌尼莫克底盘，先后有"野犬"1和"野犬"2两种型号。与"野犬"1相比，"野犬"2的载荷和内部

迷彩涂装的"野犬"2 全方位防护运输车

空间得到提高，能够执行更多任务，有人员输送车、救护车、货车、指挥控制车、防空车和前线观察车等多种车型。2000年8月，克劳斯·玛菲-威格曼公司向德国国防军交付了首批"野犬"全方位防护运输车。之后，该车陆续出口到奥地利、比利时、捷克等国家。

"野犬"2全方位防护运输车头部视角

车体构造

"野犬"系列全方位防护运输车采用模块化结构，主要由安全室（即乘员室）、发动机罩（前部）、储物箱（后部）、弹药挡板（下部）等模块组成，它们全部安装在4×4轮式底盘上。这种结构不仅使"野犬"系列全方位防护运输车的用途广泛，还降低了采购和维修成本，更提高了全车的可靠性。当"野犬"全方位防护运输车触雷，地雷在安全室下面爆炸时，附加的底部V形防护板和专门设计的爆炸气流偏导结构，可很好地分散地雷冲击波的能量，保护车体底部不被击穿或至少减轻被击穿后的损失。发动机罩和储物箱壳体同样有较强的防护功能。储物箱内装有蓄电池、燃油箱等，上面的带帆布的装载空间构成了较大容积的"后备厢"。

作战性能

"野犬"1全方位防护运输车具有良好的防卫性能，能够承受恶劣的路况、机枪扫射和小型反坦克武器的攻击。与"野犬"1相比，"野犬"2全方位防护运输车进一步提高了防护能力，可以加挂模块式附加装甲，并降低了红外信号特征，在红外线热像仪前面具有一定的隐身能力。2005年，一辆隶属于德国国防军的"野犬"2在波黑执行巡逻任

"野犬"2全方位防护运输车在泥泞路面行驶

务时，遭受一枚6千克反坦克地雷的攻击，但车内乘员安然无恙，显示了良好的全方位防护性。

"野犬"系列全方位防护运输车可以运载5~8名士兵，已经赶上一般步兵战车和装甲运兵车的承载能力。该车装有1挺7.62毫米遥控机枪，也可替换为12.7毫米机枪或HK GMG自动榴弹发射器。

No.37 德国"拳师犬"装甲运兵车

基本参数	
长度	7.88 米
宽度	2.99 米
高度	2.37 米
重量	25.2 吨
最大速度	103 千米/小时

高速行驶的"拳师犬"装甲运兵车

"拳师犬"(Boxer)装甲运兵车是德国克劳斯·玛菲-威格曼公司设计制造的轮式装甲运兵车,2008年开始服役。

● 研发历史

早在1990年2月,德国就提出了一种新型多用途轮式装甲车的战术概念。由于经费不足,德国寻求与其他国家合作研制,共担风险。最初并没有其他国家响应,德国只好自己先投入研制工作。直到1999年11月和2001年2月,英国和荷兰才相继加入德国的联合研制计划。2002年12月,位于德国慕尼黑的克

★ "拳师犬"装甲运兵车侧前方视角

劳斯·玛菲-威格曼公司制造出第一辆原型车。欧洲武器联合采购组织为这种新型轮式装甲车起了德国、英国和荷兰都同意的名字——"拳师犬"装甲运兵车。之后，英国退出了这一研制计划。2008年，"拳师犬"装甲运兵车正式服役。除装备德国和荷兰军队外，立陶宛也有进口。

●车体构造

"拳师犬"装甲运兵车最突出的特点是不变的车体与模块化设计的结合。车体用高硬度装甲焊接，模块化设计包括驾驶模组和任务模组两大部分。它保持车体不变，后车厢则被分成一组一组的模块。通过调整模块，可将原来的装甲运兵车变成装甲救护车、后勤补给车或装甲指挥车等，而更换后车厢模块仅用1小时就能完成。车内的有效容积达14立方米，提供了宽敞、舒适的车内生活和战斗环境。每个乘员座椅都配有安全带。液压控制的跳板式后部车门，使乘员能迅速上下车。

★"拳师犬"装甲运兵车侧后方视角

●作战性能

"拳师犬"装甲运兵车采用钢和陶瓷组成的模块化装甲，由螺栓加以固定。这种模块化装甲在顶部可抵御攻顶式导弹，在底盘可抵御地雷破坏。"拳师犬"装甲运兵车的外形光滑，结构平整，有助于降低雷达信号强度，车上还有减少红外特征的措施。全密封的装甲结构，既为乘员提供了包括三防在内的全面防护，也便于安装大功率空调系统，适于在炎热地区长期作战。优化设计的悬挂装置和减振系统，大大降低了车内噪音。

"拳师犬"装甲运兵车右侧视角

"拳师犬"装甲运兵车配备3名车组人员，最多可运载8名士兵，其车体设计非常强调乘坐舒适性，使乘员能在艰苦的作战环境下长时间坚持作战。得益于模块化设计，"拳师犬"装甲运兵车可以安装多种不同类型的武器，包括12.7毫米机枪、7.62毫米机枪、20毫米机关炮、25毫米机关炮、30毫米机关炮、105毫米突击炮、120毫米迫击炮等。

No.38 德国"美洲狮"步兵战车

基本参数	
长度	7.33 米
宽度	3.43 米
高度	3.05 米
重量	31 吨
最大速度	70 千米/小时

"美洲狮"步兵战车头部视角

"美洲狮"(Puma)步兵战车是德国于21世纪初研制的履带式步兵战车,用以取代老式的"黄鼠狼"步兵战车。

● 研发历史

21世纪初,为了弥补"黄鼠狼"步兵战车在火力、防护力和机动性等方面的不足,德国开始研制新一代步兵战车,即"美洲狮"步兵战车。该计划由负责国防技术和采办的德国联邦办公室于2002年9月授予,研制工作由克劳斯·玛菲-韦格曼公司和莱茵金属集团

"美洲狮"步兵战车侧前方视角

负责，各承担50%的工作量。2009年7月，"美洲狮"步兵战车开始批量生产。

•车体构造

炮塔旋转后的"美洲狮"步兵战车

"美洲狮"步兵战车采用传统的布局方式，前方左侧为驾驶舱，前方右侧为动力装置，中间是并排而坐的车长（右）和炮长（左）。车内的布置充分应用了人机工程学原理，确保每位乘员具有充裕的独立空间，也为乘员之间的相互通话创造了条件。载员舱可乘坐6名全副武装的步兵，其中4名位于车体内中后部右侧，他们头顶有可出入的长方形舱盖，另外2名位于车体后部左侧。

•作战性能

"美洲狮"步兵战车可根据需要选择三种级别的防护。在紧急部署到前线以后，可通过安装大型的附加模块装甲来提高防护能力，比在现场一片一片地固定爆炸反应装甲更为便捷。最高级别的C级防护时，车体和炮塔部位安装有高性能附加装甲模块，可以抵御反坦克导弹和大威力地雷的攻击。"美洲狮"步兵战车的防护手段还包括德尔格安全设备公司研制的三防系统、凯德-杜格拉公司研制的自动灭火抑爆系统等。

"美洲狮"步兵战车的主要武器是1门30毫米Mk 30-2/ABM机关炮，由莱茵金属集团毛瑟分公司专门研制，具有极高的安全性和命中概率，即使在高速越野的情况下仍然具有很高的射击精度。该炮采用双路供弹，可发射的弹药主要有尾翼稳定曳光脱壳穿甲弹和空爆弹，通常备弹200发。空爆弹的打击范围很广，包括步兵战车及其伴随步兵、反坦克导弹隐蔽发射点、直升机和主战坦克上的光学系统等。

高速行驶的"美洲狮"步兵战车

No.39 意大利"达多"步兵战车

基本参数	
长度	6.7 米
宽度	3 米
高度	2.64 米
重量	23.4 吨
最大速度	70 千米/小时

"达多"步兵战车侧前方视角

"达多"（Dardo）步兵战车是意大利于 20 世纪 90 年代研制的，首批生产型从 2002 年 5 月开始交付意大利陆军。

● 研发历史

20 世纪 80 年代初，意大利提出了雄心勃勃的陆军主战装备发展计划，宣称要在 90 年代为意大利陆军换装世界最先进的坦克和装甲车辆。这个发展计划共包括 4 种车型，分别是 VCC-80 步兵战车、C1"公羊"主战坦克、B1"半人马座"坦克歼击车和"美洲狮"

"达多"步兵战车编队

多用途轻型车辆。其中，VCC-80 计划提出最早，完成却最晚，而且发展过程也颇为坎坷，最终完成的也并非是原来设计的 VCC-80，而是经过修改后的"达多"步兵战车。1998 年，"达多"步兵战车正式服役。

● 车体构造

与大多数履带式步兵战车一样，"达多"步兵战车也采取动力、传动装置前置方案，其前部右侧为发动机舱，左侧为驾驶舱。动力舱的进出气百叶窗均在车体顶部，排气管则在车体右侧。"达多"步兵战车在设计时充分考虑了驾驶员开窗驾驶时的视野，要求左右两侧均无遮挡，视野开阔，而同类步兵战车驾驶员一侧的视野几乎全部被发动机舱盖挡住。

"达多"步兵战车右侧视角

● 作战性能

"达多"步兵战车的车体及炮塔由铝合金装甲板焊接而成，同时在车体前部及两侧采用了高硬度钢装甲板，并用螺栓紧固，钢装甲板的厚度根据安装位置和铝合金装甲板倾斜度而有所不同。

"达多"步兵战车的主要武器是 1 门 25 毫米 KBA-BO2 型机关炮，采用双向供弹，可发射脱壳穿甲弹和榴弹，弹药基数为 400 发。该炮的俯仰角度为 –10 度 ~ +60 度，战斗射速为 600 发 / 分钟。主炮旁边是 1 挺 7.62 毫米 MG42/59 并列机枪，弹药基数为 1200 发。

高速行驶的"达多"步兵战车

No.40 意大利 VBTP-MR 装甲车

基本参数	
长度	6.9 米
宽度	2.7 米
高度	2.34 米
重量	16.7 吨
最大速度	110 千米/小时

★ VBTP-MR 装甲车右侧视角

VBTP-MR 装甲车是意大利依维柯公司专为巴西军队设计的一种轮式两栖装甲车，2015年开始装备部队。

● 研发历史

21 世纪初，巴西军方希望研发一种 18 吨重的轮式车辆，考虑到巴西国内河流众多，加之其海岸线复杂漫长，巴西军方要求该车能胜任两栖作战任务，至少能搭载 10 名士兵，可加配侧翼浮筒以增大在河流水网密布地区的浮渡能力，可配多种武器系统。之后，巴西军方意

VBTP-MR 装甲车编队

识到新一代装甲车也必须具备快速部署能力，于是将该车可由 C-130 运输机装载的机动部署性能写进了技术指标。2009 年，VBTP-MR 样车在里约热内卢国际航空防务展上亮相。2015 年，VBTP-MR 装甲车正式服役，主要用户为巴西陆军和海军陆战队。此外，还被阿根廷陆军和黎巴嫩陆军采用。

●车体构造

VBTP-MR 装甲车侧后方视角

VBTP-MR 装甲车是一种六轮装甲车，也有八轮版本。该车采用常规布局，动力系统前置，进出气口位于车体右侧，驾驶员和车长一前一后位于车前左侧，驾驶员位置配有红外夜视潜望镜可以进行 360 度观察，车长前方有一个可升高的潜望镜，以便越过驾驶员舱盖观察前方。为减少涉水行驶时的阻力，车体两侧简洁、光滑，可加配侧翼浮筒以增大在河流水网密布地区的浮渡能力。VBTP-MR 装甲车有 2 名车组人员，可运载 9 名全副武装的士兵，乘员可通过后部和顶部舱门进出。

●作战性能

VBTP-MR 装甲车的基本车体装甲可提供对小口径武器直射、中小口径炮弹弹片的防护能力。为提高车辆防护能力，提高任务弹性，除内部加挂防剥落衬层装甲外，其外部也可进一步加挂复合装甲。由于借鉴了北约国家军队在反恐战争上的实战经验，车辆底盘采用中间突出距地面较近、两侧逐渐升高的 V 形轮廓，同时整体也距地面较远，用以提高对简易爆炸装置等车体下方爆炸物的防护能力。

VBTP-MR 装甲车采用以色列埃尔比特公司生产的 UT-30 无人炮塔，可配用多种武器，如 7.62 毫米机枪、12.7 毫米机枪、30 毫米榴弹发射器、40 毫米榴弹发射器或反坦克导弹等。此外，激光报警系统、车长全景式瞄准具和发烟榴弹发射器也与炮塔整合在一起。VBTP-MR 装甲车可在行进间射击，观瞄火控系统还整合了目标自动跟踪、激光测距等功能，对移动目标具有较高的首发命中率。

★ VBTP-MR 装甲车在公路上行驶

No.41 瑞典 CV-90 步兵战车

基本参数	
长度	6.8 米
宽度	3.2 米
高度	2.8 米
重量	26 吨
最大速度	70 千米/小时

CV-90 步兵战车侧前方视角

CV-90 步兵战车是瑞典于 20 世纪 80 年代研制的装甲战斗车辆，此后又在此基础上发展了多种变型车，形成 CV-90 履带式装甲车族。

● 研发历史

1978 年，瑞典决定研制一种供军方使用的 CV-90 战车，并在此基础上发展自行高炮、装甲人员输送车、装甲指挥车、装甲观察指挥车、自行迫击炮和装甲抢救车等变型车，形成 CV-90 履带式装甲车族。当时提出的要求是战斗全重不超过 20 吨，具有良好的战术

CV-90 步兵战车编队

机动性,适合在瑞典北部严寒、深雪、薄冰和沼泽地带作战;能较好地应对装甲目标;具有防空能力等。1985 年 7 月,瑞典军方与乌特维克林公司正式签订了设计和制造 5 辆样车的合同。1993 年,CV-90 步兵战车正式服役。

●车体构造

CV-90 系列装甲车都采用相同的配置,驾驶舱位于车体左前方,驾驶员的前面有 3 具潜望镜,中间一具可换成被动式夜间驾驶仪。动力舱在右前方,中间为双人炮塔,载员舱在尾部。为了增大内部空间,大多数出口型车辆尾部载员舱的车顶都设计得稍高。如有需要,该系列装甲车的总体布置可根据用户要求定制。

炮塔旋转后的 CV-90 步兵战车

●作战性能

CV-90 步兵战车的车体采用钢装甲结构,有附加装甲和"凯夫拉"衬层。车体前部能抵御 30 毫米炮弹,车体底部能防地雷。该车有 3 名车组人员,载员舱可容纳 8 名步兵,两侧各坐 4 人。CV-90 步兵战车具有良好的战术机动性,适合在瑞典北部严寒、深雪、薄冰和沼泽地带作战。该车还具有一定的战略机动性,能用铁路和民用平板卡车运输。

CV-90 步兵战车炮口特写

CV-90 步兵战车的主要武器通常是 1 门 40 毫米博福斯机关炮,弹药基数为 240 发,可单发、点射或连发。配用的弹种有应对飞机和直升机的近炸引信预制破片榴弹,应对地面目标的榴弹和穿甲弹等。辅助武器是 1 挺 7.62 毫米 M1919 型机枪和 6 具 76 毫米榴弹发射器。

No.42 瑞典 BvS10 装甲全地形车

基本参数	
长度	7.6 米
宽度	2.3 米
高度	2.2 米
重量	11.5 吨
最大速度	65 千米/小时

BvS10 装甲全地形车侧前方视角

BvS10 装甲全地形车是瑞典阿尔维斯·赫格隆公司研制的履带式全地形车，1998 年开始服役。

● 研发历史

BvS10 装甲全地形车由瑞典阿尔维斯·赫格隆公司自行投资研发，该公司拥有数十年铰接式全地形车设计和生产经验。BvS10 装甲全地形车借鉴了 Bv 206S 装甲全地形车的设计，1998 年首次公开亮相。BvS10 装甲全地形车用途广泛，可作为运兵车、指挥车、救护车、

BvS10 装甲全地形车越过土坡

维修和救援车等。除装备瑞典军队外，该车还出口到英国、德国、法国、荷兰和西班牙等40多个国家。

BvS10装甲全地形车右侧视角

• 车体构造

BvS10装甲全地形车的外形轮廓与Bv206装甲全地形车相似，与后者相比，BvS10装甲全地形车重新设计了主动轮、诱导轮、履带、底盘和悬挂系统等。BvS10装甲全地形车安装的履带是由加拿大苏斯国际公司生产的整体成型橡胶履带，与钢制履带相比，整体成型橡胶履带可减少50%的重量，并能够大幅度降低噪音和振动等。

• 作战性能

BvS10装甲全地形车具有完全两栖能力，在水中可靠橡胶履带推进。该车的履带宽度为620毫米，所以尽管该车的战斗全重超过10吨，但在松软地形上，如雪地、泥地或沙地等仍有良好的机动能力。由于采用了双厢结构，使前后车厢都装有独立的履带行走系统，全车有四条履带着地，可最大限度地减小车辆对地面的压力，从而拥有良好的越野机动性。如果一条履带触雷损坏，BvS10装甲全地形车仍可凭借其他履带机动。

BvS10装甲全地形车没有安装固定武器，可根据需要在后车厢顶部安装武器，如英国海军装备的BvS10装甲全地形车装有7.62毫米或12.7毫米机枪和一些标准的装备，包括数排烟幕弹发射器。

BvS10装甲全地形车在山区行驶

No.43 日本89式步兵战车

基本参数	
长度	6.7 米
宽度	3.2 米
高度	2.5 米
重量	26 吨
最大速度	70 千米/小时

89式步兵战车右侧视角

89式步兵战车是日本于20世纪80年代研制的履带式步兵战车，1984年开始服役，目前仍然是日本陆上自卫队的重要装备。

● 研发历史

20世纪70年代，许多国家都加快了步兵战车的研制和装备速度，美国M2A2"布雷德利"步兵战车、德国"黄鼠狼"步兵战车等均在此列。1984年，日本也投入6亿日元用于发展新型履带式步兵战车。经过样车试验阶段，新型步兵战车定名为89式步兵战车。1989

89式步兵战车左侧视角

年，日本陆上自卫队开始采购89式步兵战车，因为价格昂贵没有能够大规模生产。

训练场上的89式步兵战车

• **车体构造**

89式步兵战车采用传统布局，车体前部左侧为动力舱，右侧为驾驶舱，炮塔位于车体中部，车体后部为载员舱。炮塔由带倾斜设计的装甲板构成，形状复杂。载员舱可容纳6名士兵，共有6具潜望镜供士兵使用，保证了士兵的外部视场（指望远镜或双筒望远镜所能看到的天空范围）。载员舱上面有向左右两侧开启的舱盖，士兵可探身车外进行压制周围火力的战斗，但是这样会妨碍大型炮塔的转动。因此在载员舱内部设置了射击孔，士兵通过这些射击孔可进行较广范围的射击。

• **作战性能**

89式步兵战车的车体采用均质钢装甲结构，防护力较过去以铝合金打造的装甲运兵车更强。车体因为需要容纳士兵，不可避免地要比当时服役的主力坦克更高，也就更容易被发现。为协同90式坦克作战，89式步兵战车具有70千米/小时以上的机动力，不过由于主要用作国内防御，因此不具备浮渡能力。

89式步兵战车的主要武器是瑞士厄利空公司生产的35毫米KDE机炮，射速为200发/分钟，不仅可以对地面目标射击，还可对空射击，但是由于没有配备有效的瞄准装置，仅限于自卫作战。机炮的左侧安装了1挺74式7.62毫米并列机枪，最大射速为1000发/分钟。

89式步兵战车主炮开火

No.44 日本 96 式装甲运兵车

基本参数	
长度	6.84 米
宽度	2.48 米
高度	1.85 米
重量	14.6 吨
最大速度	100 千米/小时

★ 96 式装甲运兵车头部视角

96 式装甲运兵车是日本于 20 世纪 90 年代设计制造的轮式装甲运兵车，1996 年开始服役。

● 研发历史

作为 60 式装甲运兵车和 73 式装甲运兵车的后继车种，96 式装甲运兵车于 1992 年由小松制作所开始研发，1996 年设计定型，同年开始批量生产并装备部队。截至 2020 年 2 月，96 式装甲运兵车一共生产了将近 400 辆。

96 式装甲运兵车右侧视角

• 车体构造

96式装甲运兵车的车体前方右侧为驾驶席，驾驶席的上方装有弹出式舱门，舱门上安装了3具潜望镜。驾驶席左侧为动力舱，装有水冷式柴油发动机。驾驶席后方设置了车长席，并设有车长指挥塔。车体后部为载员舱，可以搭乘8～10名士兵，分为两排面对面乘坐，座椅是每两个座位为一组。由于车内空间宽敞，最多时可以搭乘10名士兵。载员舱的最前部、动力舱的左侧正后方设有步兵班长席，为了便于观察，其左侧设有安装防弹玻璃的小窗口。

96式装甲运兵车载员舱内部特写

• 作战性能

96式装甲运兵车的车体为全焊接钢装甲结构，车体正面装甲厚12毫米，侧面装甲厚8毫米，仅具备防御炮弹破片和7.62毫米机枪子弹射击的能力。驾驶席和车长席左侧有灭火器，可从车外启动。

96式装甲运兵车的主要武器根据用途的不同，可以是96式40毫米自动榴弹发射器，也可以是M2型12.7毫米重机枪。96式自动榴弹发射器是由丰和工业公司为96式装甲运兵

★ 96式装甲运兵车侧后方视角

车开发的，发射速率为250～350发/分钟，并可以进行单发与连发射击的切换，由弹链供弹。40毫米榴弹能够穿透50毫米厚的钢装甲板和100毫米厚的轻金属装甲板以及180毫米厚的钢筋混凝土。由于不需要精确射击，所以使用的瞄准具并不是高级的光学瞄准具。

第 4 章
直升机

　　直升机可以进行低空、低速和机头方向不变的机动飞行,并可在小面积场地垂直起降。与坦克一样,直升机也是现代战争中陆军部队的重要武器平台。它不仅具备很快的速度,火力也很强大,同时还具备一定的侦察能力,成为战斗和侦察的利器。

No.45 美国 AH-1"眼镜蛇"武装直升机

基本参数	
长度	13.6 米
高度	4.1 米
旋翼直径	14.63 米
空重	2993 千克
最大速度	277 千米/小时

★ AH-1 武装直升机在高空飞行

AH-1"眼镜蛇"（AH-1 Cobra）直升机是贝尔直升机公司研制的武装直升机，一共制造了 1116 架，从 1967 年服役至今。

● 研发历史

20 世纪 60 年代中期，美国在越南战争中投入使用的直升机由于火力差劲、装甲薄弱且速度缓慢，导致损失惨重。美国陆军迫切希望拥有一种高速度、重装甲、强火力的武装直升机，为运输直升机提供沿途护航，并为步兵预先提供空中压制火力。作为世界上第一代武装

AH-1 武装直升机编队飞行

直升机的 AH-1"眼镜蛇"直升机,就诞生于这样的背景之下。1965 年 9 月,原型机首次试飞。1966 年 4 月,美国陆军签订了第一批 110 架的合同。1967 年 6 月,第一批 AH-1 交付并开始服役。该机的主要用户包括美国、土耳其、西班牙、约旦、巴基斯坦、以色列、智利、巴林、泰国、日本、韩国等。

AH-1 武装直升机右侧视角

•机体构造

AH-1 武装直升机的机身为窄体细长流线型,两侧有外挂武器的短翼,翼下各有两个武器挂架。机头突起,下方吊装机炮。座舱为纵列双座布局,射手在前,驾驶员在后。前舱门在左侧,后舱门在右侧。起落架为管状滑橇式,不可收放。单引擎型设有较突出的粗大排气管,由机身后部伸出,与大梁平行。双引擎型的发动机置于双肩,较短的排气管在机身后部并列配置,以一定角度外倾。

•作战性能

AH-1 武装直升机的主要用途是攻击装甲目标,其机身细长、正面狭窄,在一定程度上提高了生存性能,不易被攻击。该机的座椅、驾驶舱两侧及重要部位都有装甲保护,自密封油箱能耐受 23 毫米口径机炮炮弹射击。

AH-1 武装直升机的主要武器为 1 门 20 毫米 M197 机炮(备弹 750 发),机身上有 4 个武器挂载点,可按不同配置方案选挂 BGM-71"陶"式、AIM-9"响尾蛇"和 AGM-114"地狱火"等导弹,以及不同规格的火箭发射巢和机枪吊舱等。

AH-1 武装直升机在树梢高度飞行

No.46 美国UH-60"黑鹰"通用直升机

基本参数	
长度	19.76米
高度	5.13米
旋翼直径	16.36米
空重	4819千克
最大速度	357千米/小时

★ UH-60通用直升机右侧视角

UH-60"黑鹰"(UH-60 Black Hawk)通用直升机是美国西科斯基公司研制的双发中型通用直升机,主要执行运送突击部队和攻击地面目标等任务。

● 研发历史

1972年,为了替换老旧的UH-1"易洛魁"直升机,美国陆军展开了"通用战术运输机系统"(UTTAS)计划,研制用于部队运送、指挥控制、伤员撤离以及侦察的新型直升机。为此,西科斯基和波音两家公司进行了竞标,两种飞机均于1974年首次试飞。1976年

UH-60通用直升机在低空飞行

12月,西科斯基公司的YUH-60A赢得了合同,定型为UH-60"黑鹰"通用直升机。1979年,UH-60通用直升机进入美国陆军服役。除美国外,还有20多个国家装备。

★ UH-60通用直升机仰视图

•机体构造

UH-60通用直升机采用四片桨叶全铰接式旋翼系统,旋翼由钛合金和玻璃纤维制造,直径为16.36米,可以折叠。为改善旋翼的高速性能,还采用了先进的后掠桨尖技术。4片尾桨设在尾梁左侧,以略微上倾的角度安装,可协助主旋翼提供部分升力。另外尺寸很大的水平尾翼还可增加飞行中的稳定性。UH-60通用直升机采用两台通用动力公司生产的T700-GE-700涡轮轴发动机,并列安装于机身顶部的两肩位置。两台发动机由机身隔开,相距较远,如有一台被击中损坏,另一台仍可继续工作。

•作战性能

与前代UH-1直升机相比,UH-60通用直升机大幅提升了部队容量和货物运送能力。在大部分天气情况下,3名机组成员中的任何一个都可以操纵飞机运送1个全副武装的11人步兵班。UH-60通用直升机在执行低飞作战任务时,极易遭受地面火力攻击,因此采取了很多措施提高生存力。

UH-60通用直升机通常装有2挺7.62毫米M60机枪、M240机枪或M134航空机枪,1具19联装70毫米火箭发射巢。该机还可发射AGM-119"企鹅"反舰导弹和AGM-114"地狱火"空对地导弹。

UH-60通用直升机在寒带执行任务

美国 AH-64"阿帕奇"武装直升机

No.47

基本参数	
长度	17.73 米
高度	3.87 米
旋翼直径	14.63 米
空重	5165 千克
最大速度	293 千米/小时

★ AH-64 武装直升机右侧视角

AH-64"阿帕奇"（AH-64 Apache）武装直升机是麦克唐纳·道格拉斯公司（现波音公司）研制的全天候双座武装直升机，从 1986 年服役至今。

● 研发历史

20 世纪 70 年代初期，鉴于 AH-1"眼镜蛇"武装直升机在实战中表现良好，美国陆军决心发展一种更为先进的武装直升机，并提出了"先进技术武装直升机"（AAH）计划，要求研制一种具备较强环境适应力、可昼夜作战且要具备较强战斗力、救生能力和生存能力

AH-64 武装直升机表演高难度机动动作

的先进技术直升机。波音公司、贝尔直升机公司、休斯公司、洛克希德公司、西科斯基公司五家公司参与了竞标，其中贝尔直升机公司和休斯公司进入了第二阶段竞标。休斯公司的YAH-64原型机于1975年9月首次试飞，1976年5月竞标获胜，1981年正式被命名为"阿帕奇"。

●机体构造

AH-64武装直升机的机身采用传统的半硬壳结构，前方为纵列式座舱，副驾驶员/炮手在前座，驾驶员在后座。驾驶员座位比前座高，且靠近直升机转动中心，视野良好，有利于驾驶直升机贴地飞行。起落架为后三点式，支柱可向后折叠，尾轮为全向转向自动定心尾轮。该机采用四片桨叶全铰接式旋翼系统、钢带叠层式接头组件和弹性体摆振阻尼器。旋翼桨叶为大弯度翼型，采用了后掠桨尖。桨叶上装有除冰装置，可折叠或拆卸。尾桨位于尾梁左侧，四片尾桨桨叶分两组非均匀分布。

★ AH-64武装直升机在低空飞行

●作战性能

AH-64武装直升机旋翼的任何部分都可抗击12.7毫米子弹，机身表面的大部分位置在被1发23毫米炮弹击中后，都能保证继续飞行30分钟。前后座舱装甲也能够抵御23毫米炮弹的攻击，在两台发动机的关键部位也加强了装甲防护。

AH-64武装直升机的主要武器为1门30毫米M230"大毒蛇"链式机关炮，备弹1200发。该机有4个武器挂载点，可挂载16枚AGM-114"地狱火"导弹或76枚火箭弹（4个19管火箭发射巢），也可混合挂载。此外，改进型号还可使用AIM-92"刺针"、AGM-122"赛德阿姆"、AIM-9"响尾蛇"、BGM-71"拖"式等导弹。

AH-64武装直升机的火箭发射巢

No.48 美国 S-97 "侵袭者" 武装直升机

基本参数	
长度	11 米
高度	3.5 米
旋翼直径	10 米
空重	4057 千克
最大速度	444 千米/小时

S-97 武装直升机在高空飞行

S-97 "侵袭者"（S-97 Raider）直升机是美国西科斯基公司研制的武装直升机，在直升机领域具有划时代意义。截至 2020 年初，该机仍处于研发阶段。

● 研发历史

由于 OH-58D "奇欧瓦战士" 侦察直升机的老化，美国陆军需要购买数百架新式侦察/攻击直升机进行替换。2010 年 10 月，西科斯基公司正式启动 S-97 "侵袭者" 武装直升机的研究项目。2014 年，S-97 原型机制造完成。2015 年 2 月，西科斯基公司开始对 S-97 原型机进行地面测试，主要测试该机的动力系统。2015

S-97 武装直升机右侧视角

年5月，S-97原型机完成首次试飞。该机最大限度地保留了直升机的优点，还弥补了直升机的先天缺陷，在飞行速度、安静性等方面大幅超越了传统的军用直升机，并具备火力打击和运兵双重能力。

S-97武装直升机起飞升空

机体构造

S-97武装直升机的机身包括一个综合驾驶舱、一个货舱和一个尾椎，采用复合推进式总体布局，流线造型明显，棱角圆滑，很少有突出部分，整个机身浑然一体。这样的设计，一方面有利于减小飞行阻力，提高巡航速度；另一方面还能降低敌方雷达反射截面积，提高隐蔽突袭能力和生存能力。机身采用美国最新研制的复合轻质材料，整个机身总重只有4吨左右。与常规直升机不同，S-97武装直升机采用共轴双旋翼和推进尾桨技术，两个旋翼上下排列，在同一个轴线上反向旋转，升力和前飞拉力可同时增大。

作战性能

S-97武装直升机在机首下方安装了一门新型加特林机炮，与"阿帕奇"直升机的单管机炮不同，新型机炮采用了隐形设计：让炮身被包在一个圆筒里，共6个炮管，射速为每分钟6000发左右。同时，在S-97武装直升机机身两侧各有一个武器挂架，可挂载"地狱火"反坦克导弹之类的精确制导武器。此外，S-97武装直升机还在尾部推进器两旁增加了平衡翼，可避免导弹发射后的碎片和火焰直接接触到尾部螺旋桨，使直升机在使用任何一侧的武器时都能自如地控制机身。

S-97武装直升机采用共轴对转双螺旋桨加尾部推进桨的全新设计，能以超过370千米/小时的速度巡航，执行突击任务时其速度能进一步提升到400千米/小时以上。得益于先进的电传飞控系统，S-97武装直升机的主旋翼、推进尾桨和发动机实现了一体化控制。因此，除了巡航速度快外，该机还擅长空中滑翔、高速转弯等高难度动作，高速机动性和敏捷性也优于传统直升机。

S-97武装直升机降落

No.49 苏联／俄罗斯米-24武装直升机

基本参数	
长度	17.5 米
高度	6.5 米
旋翼直径	17.3 米
空重	8500 千克
最大速度	335 千米/小时

米-24武装直升机在高空飞行

米-24直升机是米里设计局研制的苏联第一代专用武装直升机，1972年开始服役。

● 研发历史

1968年，苏联陆军提出了米-24武装直升机的设计要求，由米里担任总设计师，1969年原型机首次试飞。1970年米里去世之后，季莫申科接替了他的职务，并主持设计了后来大量装备军队的米-24D武装直升机。米-24武装直升机于1971年定型，1972年底投入批生产，随后开始装备部队使用，先后推出了米-24A、米-24B、米-24C、米-24D、米-24E和米-24F等型号。除了

★ 米-24武装直升机左侧视角

苏联（俄罗斯）本国使用外，米-24系列武装直升机还出口到多个国家，包括阿富汗、阿尔及利亚、安哥拉、印度、伊拉克、利比亚、尼加拉瓜、越南、也门等。

●机体构造

米-24武装直升机采用单旋翼带尾桨布局，机身为全金属半硬壳式结构，驾驶舱为纵列式布局，前座为射手，后座为驾驶员。后座比前座高，驾驶员视野较好。座舱盖为铰接式，向右打开。驾驶舱前部为平直防弹风挡玻璃，重要部位装有防护装甲。主舱设有8个可折叠座椅，或4个长椅，可容纳8名全副武装的士兵。主舱两侧各有一个铰接舱门，水平分开成两部分，可分别向上和向下打开。舱内备有加温和通风装置。

★ 米-24武装直升机头部视角

●作战性能

米-24武装直升机主要用于为己方部队开辟前进通道，清除防空火力和各种障碍，担负护航任务，还可以运载8～10名士兵。该机的机身装甲较厚，可以抵抗12.7毫米子弹攻击。双发动机和双重的系统设计使其中弹后仍能安全返回基地，即使主齿轮箱油压降至零，直升机仍可再飞行20分钟，足以脱离战场。

米-24武装直升机的主要武器为1挺12.7毫米四管加特林机枪。该机有4个武器挂载点，可挂载4枚AT-2"蝇拍"反坦克导弹，或128枚57毫米火箭弹（4具UV-32-57火箭发射器）。此外，还可挂载1500千克化学或常规炸弹，以及其他武器。

米-24武装直升机在低空飞行

No.50 苏联/俄罗斯米-28武装直升机

基本参数	
长度	17.01 米
高度	3.82 米
旋翼直径	17.20 米
空重	8100 千克
最大速度	325 千米/小时

米-28武装直升机左侧视角

米-28直升机是米里设计局研制的单旋翼带尾桨全天候专用武装直升机，1996年开始服役。

● 研发历史

米-28武装直升机于1972年开始设计，1982年11月首次试飞，1989年6月完成90%的研制工作，并在法国的国际航空展首次亮相。由于设计思维大量借鉴了AH-64"阿帕奇"武装直升机，因此米-28武装直升机被西方国家戏称为"阿帕奇斯基"。虽然自问世以来，米-28武装直升机的综合性能受

★ 米-28武装直升机俯视图

到俄军的高度肯定,然而苏联解体之后的俄军缺乏足够的采购经费,因此很长一段时间都无力购买。目前,俄罗斯装备了少量米-28武装直升机。此外,委内瑞拉、土耳其等国家也曾少量采购。

● 机体构造

米-28武装直升机的机身为全金属半硬壳式结构,驾驶舱为纵列式布局,四周配有完备的钛合金装甲,并装有无闪烁、透明度好的平板防弹玻璃。领航员/射手在前驾驶舱,后面为驾驶员。座椅可调高低,能吸收撞击能量。起落架为不可收放的后三点式。该机的旋翼系统采用半刚性铰接式结构,大弯度的高升力翼型,前缘后掠,每片后缘都有全翼展调整片。

★ 米-28武装直升机旋翼桨叶特写

● 作战性能

米-28武装直升机的机身横截面小,有助于提高灵活性和生存能力。座舱安装了50毫米厚的防弹玻璃,能承受12.7毫米子弹的打击。旋翼叶片上由丝状玻璃纤维包裹,发动机和油箱都有周到的防护措施。

米-28武装直升机表演特技动作

米-28武装直升机的主要武器为1门30毫米2A42机炮,备弹250发。该机有4个武器挂载点,可挂载16枚AT-6反坦克导弹,或40枚火箭弹(两个火箭巢)。此外,还可以挂载AS-14反坦克导弹、R-73空对空导弹、炸弹荚舱、机炮荚舱。

No.51 苏联/俄罗斯卡-50武装直升机

基本参数	
长度	13.5 米
高度	5.4 米
旋翼直径	14.5 米
空重	7800 千克
最大速度	350 千米/小时

★ 卡-50武装直升机左侧视角

卡-50武装直升机是卡莫夫设计局研制的单座武装直升机,从1995年服役至今。

● 研发历史

卡-50武装直升机于1977年完成设计,1982年7月27日首次试飞,1984年首次对外公开,1991年开始交付使用,1992年年底获得初步作战能力,1995年8月正式服役。幸运的是,在苏联解体大量削减军费前,卡-50武装直升机就已经进入了全尺寸生产阶段,所以只被减少了建造数量,整个项目并没有因此夭折。

卡-50武装直升机编队飞行

第4章 直升机

卡-50武装直升机在低空飞行

•机体构造

卡-50武装直升机的机身为半硬壳式金属结构，采用单座舱设计。座舱位于机身前端，座舱内装有米格-29战斗机的头盔显示器及其他仪表，包括飞行员头盔上的瞄准系统。另外，在仪表板中央装设了低光度电视屏幕，它可以配合夜视装备使卡-50武装直升机具有夜间飞行能力。卡-50武装直升机是世界上第一种采用同轴反向旋翼的武装直升机，两具同轴反向旋翼装在机身中部，每具三叶旋翼，各旋翼的旋转作用力相互抵消，因此不需要尾桨，尾部也不需要再配置复杂的传统系统，整机的重量大大减轻。最重要的是，不再需要传输部分动力去转动尾旋翼，动力尽数供给主旋翼，大大增加了直升机的升力。

•作战性能

卡-50武装直升机的座舱具有双层防护钢板，能够抵挡住12.7毫米子弹的射击。座椅下方还装有蜂巢式底架，可以减缓振动，防止飞行员在直升机坠毁或重落地时受伤。最重要的是，卡-50武装直升机是第一架像战斗机一样配备了弹射座椅的直升机，飞行员利用此装置逃生只需要短短2.5秒。由于机尾的存在

卡-50武装直升机在低空飞行

只是为了平衡全机的空气动力和改善操纵性，所以就算整个尾部被打掉，卡-50武装直升机依然可以安全着陆。

卡-50武装直升机装有一门液压驱动的30毫米2A42机炮，最大载弹量为500发。机身上共有4个武器挂载点，可挂载16枚AT-9"旋风"反坦克导弹，或80枚80毫米S8型空对地火箭（4个火箭弹舱）。此外，还可使用AS-12导弹、P-60M"蚜虫"导弹、P-73"射手"导弹、FAB-500型炸弹、23毫米机炮吊舱等。

No.52 俄罗斯卡-52武装直升机

基本参数	
长度	15.96 米
高度	4.93 米
旋翼直径	14.43 米
空重	8300 千克
最大速度	310 千米/小时

★ 卡-52武装直升机左侧视角

卡-52直升机是卡莫夫设计局在卡-50武装直升机的基础上改进而来的武装直升机,从2011年服役至今。

●研发历史

为适应现代战争的需要,俄罗斯陆军航空兵迫切需要一种新型战斗直升机以取代老式的米-24武装直升机。为此,米里设计局和卡莫夫设计局分别研制了米-28武装直升机和卡-50武装直升机,但两种直升机都没能令军方感到满意。军方认为,卡-50武装直升机的单

卡-52武装直升机在高空飞行

邦航空局在1972年4月正式许可该机向美国出口。1972年开发的BO 105C被德国国防部选为轻型侦察直升机，购买了大约100架。同一时期装备"霍特"反坦克导弹的型号也交付德国陆军，总共订购212架。1976年生产的BO 105CB换装了功率更大的艾利森250-C20B发动机，同时延长了机身，以满足美国方面对紧急医疗救护直升机的需求，这一改型被称为BO 105CBS。1984年研制的BO 105LS进一步加长了机身并使用更强力的艾利森250-C28C发动机，提升了最大起飞重量。

●机体构造

BO 105通用直升机的机身为普通半硬壳式结构，座舱前排为正、副驾驶员座椅，座椅上有安全带和自动上锁的肩带。后排座椅可坐3~4人，座椅拆除后可装两副担架或货物。座椅后和发动机下方的整个后机身都可用于装载货物和行李，货物和行李的装卸通过后部两个蚌壳式舱门进行。机舱每侧都有一个向前开的铰接式可抛投舱门和一个向后的滑动门。旋翼系统由4片全复合材料桨叶和钛合金桨毂组成，桨叶线性扭转8度，有两片桨叶可折叠。尾桨为两片半刚性桨叶。起落架为滑橇式。

贴地飞行的BO 105通用直升机

●作战性能

BO 105通用直升机可携带"霍特"或"陶"式反坦克导弹，还可选用7.62毫米机枪、20毫米RH202机炮以及无控火箭弹等武器。空战时，还可使用R550"魔术"空对空导弹。

★ BO 105通用直升机悬停在树梢高度

No.55 欧洲"虎"式武装直升机

基本参数	
长度	14.08 米
高度	3.83 米
旋翼直径	13 米
空重	3060 千克
最大速度	315 千米/小时

"虎"式武装直升机右侧视角

"虎"式（Tiger）武装直升机由欧洲直升机公司研制，德国、澳大利亚、法国、西班牙等国家均有装备。

● 研发历史

20世纪70年代，鉴于专用武装直升机在局部战争中的出色表现，世界各国纷纷研制装备这一机种。当时，法国和德国分别装备了"小羚羊"武装直升机和BO 105P武装直升机，但都是由轻型多用途直升机改装而来。因此，两国决定以合作形式，研制一种专用武装直升机——"虎"式武装直升机。该机于

★ 德国陆军装备的"虎"式武装直升机

1984 年开始研制，1991 年 4 月原型机首次试飞，1997 年首批交付法国陆军。

• 机体构造

"虎"式武装直升机采用全复合材料制成的四桨叶无铰旋翼系统，机身较短、大梁短粗，尾桨为三叶。机头呈四面体锥形前伸，座舱为纵列双座，驾驶员在前座，炮手在后座，与大多数武装直升机相反。座椅分别偏向中心线的两侧，以提升在后座的炮手的视野。机身两侧安装短翼，外段内扣下翻，各有两个外挂点。两台发动机置于机身两侧，每台前后各有一个排气口。起落架为后三点轮式。机体广泛采用复合材料，隐身性能较佳。

"虎"式武装直升机在雪山上空飞行

• 作战性能

"虎"式武装直升机的机身能够抵御 23 毫米自动炮火射击，其旋翼由能承受战斗破坏的纤维材料制成，并且针对雷电和电磁脉冲采取了防护措施。该机的机载设备较为先进，视觉、雷达、红外线、声音信号都降至较低水平。

"虎"式武装直升机装有一门 30 毫米机炮，另可搭载 8 枚"霍特"2 或新型 PARS-LR 反坦克导弹、4 枚"毒刺"或"西北风"空对空导弹。此外，还有两具 22 发火箭吊舱。该机的空中机动性能、机炮射击精度不逊于美国 AH-64 武装直升机，适合进行直升机空战。虽然"虎"式武装直升机的武器有效载荷不如 AH-64 武装直升机，但也足以胜任一般的反坦克、猎杀软性目标或密接支援等任务。而在后勤维持成本上，"虎"式武装直升机相较于 AH-64、AH-1 系列拥有较大的优势。

停放在基地中的"虎"式武装直升机

No.56 意大利 A129 "猫鼬" 武装直升机

基本参数	
长度	12.28 米
高度	3.35 米
旋翼直径	11.9 米
空重	2530 千克
最大速度	278 千米/小时

★ A129 武装直升机在沙漠地区飞行

　　A129 "猫鼬"（A129 Mangusta）武装直升机由意大利阿古斯塔公司研制，目前是意大利陆军航空兵的主力武装直升机，并已出口土耳其。

●研发历史

　　20世纪60～70年代，美军在越南的作战已经显示出直升机的重要作用。为满足意大利陆军对专用轻型反坦克直升机的需求，阿古斯塔公司于1978年开始研制A109武装直升机。但意大利军方认为A109不能完全满足要求，于是阿古斯塔公司研制了全新的A129 "猫鼬" 武装直升机。该机于1983年9月首次

A129 武装直升机左侧视角

试飞，同年开始服役。为了能够在国际市场占据一席之地，阿古斯塔公司还推出了A129国际型。

•机体构造

A129武装直升机采用了武装直升机常用的布局，纵列串列式座舱，副驾驶/射手在前，飞行员在较高的后舱内，均配有坠机能量吸收座椅。机身装有悬臂式短翼，为复合材料，位于后座舱后的旋翼轴平面内。机身结构设计主要为铝合金大梁和构架组成的常规半硬壳式结构。中机身和油箱部位由蜂窝板制成。A129武装直升机采用全铰接式四片主旋翼和半刚性三角铰接式两片尾桨，主旋翼大梁采用碳纤维和"凯夫拉"纤维制造。

停机坪中的A129武装直升机

•作战性能

A129武装直升机带两极液压减振支撑杆的主起落架和马丁-贝克防坠座椅，再加上机身变形设计，能够保障直升机在以11.2米/秒的垂直速度和13.1米/秒的水平速度落向地面时，乘员具有90%的存活率。其起落架能够保障机体和蒙皮在4.57米/秒的硬着陆时不会造成大的破坏。

A129武装直升机在4个外挂点上可携带1200千克外挂物，通常携带8枚"陶"式反坦克导弹、2挺机枪（机炮）或81毫米火箭发射舱。另外，A129武装直升机也具备携带"毒刺"空对空导弹的能力。该机有着完善的全昼夜作战能力，它有两台计算机控制的综合多功能火控系统，可控制飞机各项性能。机上装有霍尼韦尔公司生产的前视红外探测系统，使得直升机可在夜间贴地飞行。头盔显示瞄准系统使驾驶员和武器操作手均可迅速地发起攻击。

A129武装直升机准备降落

No.57 南非 CSH-2"石茶隼"武装直升机

基本参数	
长度	18.73 米
高度	5.19 米
旋翼直径	15.58 米
空重	5730 千克
最大速度	309 千米/小时

CSH-2 武装直升机左侧视角

CSH-2"石茶隼"（Rooivalk）武装直升机由南非阿特拉斯公司研制，主要任务是在有地对空导弹威胁的环境中进行近距空中支援，以及反坦克、反火炮和护航。

● 研发历史

出于各方面的原因，南非军队在20世纪90年代以前要长期面对直接作战任务。这些任务往往规模小但强度大，因此南非军队对装备的要求很高，最重要的要求是独立作战能力必须非常好，性能要可靠，对后勤维护依赖程度低。经不断努力，南非的地面装备均达到了

CSH-2 武装直升机在低空飞行

上述要求。此后，南非陆军又着手研制一种具有世界先进水平的武装直升机，为地面提供支援，这就是CSH-2"石茶隼"武装直升机。该直升机于1984年开始研制，1990年2月首次试飞，1995年投入使用。

CSH-2武装直升机仰视图

•机体构造

CSH-2武装直升机的座舱和武器系统布局与美国AH-64武装直升机相似：机组为飞行员、射击员两人；纵列阶梯式驾驶舱使机身显得细长；后三点跪式起落架使直升机能在斜坡上着陆，增强了耐坠毁能力；两台涡轮轴发动机安装在机身肩部，可提高抗弹性；采用了两侧短翼来携带外挂的火箭、导弹等武器；前视红外、激光测距等探测设备位于机头下方的转塔内，前机身下安装有外露的机炮。与AH-64武装直升机不同的是，CSH-2武装直升机的炮塔安装在机头下前方，而不是在机身正下方。这个位置使得机炮向上射击的空间不受机头遮挡，射击范围比AH-64武装直升机大得多。

•作战性能

CSH-2武装直升机的生存性设计采用了阶梯式原理：首先是不被探测；如被探测，求不被击中；如被击中，求避免坠毁；如坠毁不可避免，则求坠毁后飞行员生存。该机能以6米/秒的下降速度着陆，在10米/秒的下降速度垂直撞击地面时，起落架、座椅能逐级吸收撞击能量，使飞行员得以生存。

停放在跑道上的CSH-2武装直升机

CSH-2武装直升机装有一门20毫米GA机炮。每个后掠式短翼装有3个挂架，两个内侧挂架可挂载68毫米火箭发射器，两个外侧挂架能挂容量为330升的可抛投油箱或ZT-3"蛇鹈"激光制导反坦克导弹，两个翼尖挂架则各能挂载1枚V3B"短刀"红外制导短距空对空导弹，在飞行员的头盔瞄准器没有对准目标的情况下也可发射并击中目标。

No.58 日本 OH-1 "忍者" 武装侦察直升机

基本参数	
长度	12 米
高度	3.8 米
旋翼直径	11.6 米
空重	2450 千克
最大速度	278 千米/小时

OH-1 武装侦察直升机在高空飞行

OH-1 "忍者" 直升机是日本川崎重工研发的轻型武装侦察直升机，从 2000 年服役至今。

● 研发历史

OH-1 "忍者" 武装侦察直升机是日本自行研制的第一种军用直升机，原型机 OH-X 于 1996 年 8 月初首次试飞。由于 OH-1 武装侦察直升机是日本全新研发的国产机种，测试工作量比以往国外设计的现成机种复杂许多。因此，日本防卫厅技研本部与陆上自卫队特地在明野航空学校设置一个独立的联合飞行开发试验单位，

OH-1 武装侦察直升机起飞升空

专门负责原型机的技术测试。2000年，OH-1武装侦察直升机进入日本陆上自卫队服役，逐渐淘汰了美制OH-6D武装侦察直升机。

OH-1武装侦察直升机右侧视角

•机体构造

OH-1武装侦察直升机狭长的机身、左右两侧的发动机舱、纵列式双人座舱、机身两侧两个武器挂载短翼等布局都与西方典型武装直升机类似。为了减轻重量并增强机体强度，OH-1武装侦察直升机广泛地使用复合材料，复合材料占机体重量的37%。OH-1武装侦察直升机座舱的正面采用平板玻璃以减少反光，两侧玻璃大致也是平板式，但稍微向外突出，以取得较佳的下方视野。OH-1武装侦察直升机采用固定式的后三点起落架，采用双缸减振器，在一定程度的快速下坠时能吸收落地的冲击。此外，为了适应日本冬天的下雪气候，OH-1武装侦察直升机必要时也能换装滑橇式起落架。

•作战性能

OH-1武装侦察直升机的机体宽度仅1米，正面投影面积较小，能降低被敌方目视察觉的机会。乘员座椅具有吸收冲击的能力，在坠机时能减少直接作用于机员身上的力量。机身上方两侧的发动机舱之间有相当距离，同时遭敌方火力波及的概率不高。

OH-1武装侦察直升机没有任何固定武装，机身两侧有一对短翼，每

贴地飞行的OH-1武装侦察直升机

个短翼有两个挂载点。由于OH-1武装侦察直升机在设计阶段定义为一架纯粹的侦察直升机，完全不担负攻击性任务，所以现阶段只在短翼的外侧挂架加装日本自制的双联装91式空对空导弹用以自卫，内侧挂架则只能携带235升副油箱来增加续航力，其余如机炮荚舱、火箭荚舱乃至反坦克导弹等攻击性武器一应俱缺。不过以OH-1武装侦察直升机的构型，要增加对地攻击能力并不困难，主要的改装重点在于射控系统的整合以及承载能力的强化。

No.59 印度"楼陀罗"武装直升机

基本参数	
长度	15.87 米
高度	4.98 米
旋翼直径	13.2 米
空重	2502 千克
最大速度	290 千米/小时

★"楼陀罗"武装直升机在高空飞行

"楼陀罗"（Rudra）武装直升机由印度斯坦航空公司研制，从 2012 年服役至今。

● 研发历史

在研制"楼陀罗"武装直升机的过程中，印度斯坦航空公司曾获得过德国梅塞施密特-波尔考-布洛姆（Messerschmitt-Bolkow-Blohm）集团的帮助。2007 年 8 月，"楼陀罗"武装直升机的原型机首次试飞成功。2011 年 9 月，"楼陀罗"武装直升机完成了 20 毫米机炮的最后发射试验。同年 11

印度陆军装备的"楼陀罗"武装直升机

月,"楼陀罗"武装直升机又进行了"西北风"空对空导弹和70毫米火箭的测试。2012年9月,首架生产型"楼陀罗"武装直升机完成了地面测试。一个月后,印度国防部批准印度陆军航空兵拥有武装直升机。2013年2月初,"楼陀罗"武装直升机从印度军用航空器适航认证中心获得了初始作战能力的认可。当月的印度航展上,"楼陀罗"武装直升机首次公开展出。

"楼陀罗"武装直升机仰视图

•机体构造

"楼陀罗"武装直升机的机体采用了装甲防护和流行的隐身技术,起落架和机体下部都经过了强化设计,可在直升机坠落时最大限度地保证飞行员的安全,适合在自然条件恶劣的高原地区执行任务。该机在制造过程中大量采用复合材料,按全机重量计算,复合材料用量达55%,蒙皮中复合材料的比例更是高达60%。"楼陀罗"武装直升机还装备了电子战系统,配备日夜工作的摄像头、热传感器和激光指示器。

•作战性能

"楼陀罗"武装直升机主要用于打击坦克装甲目标及地面有生力量,具备压制敌方防空系统、掩护特种作战等能力。该机装有1门20毫米M621机炮,还可挂载70毫米火箭弹发射器以及"赫莉娜"反坦克导弹(最多8枚)和"西北风"空对空导弹(最多4枚)。在执行反潜和对海攻击任务时,还可挂载深水炸弹和鱼雷(2枚)。

"楼陀罗"武装直升机准备起飞

No.60 印度 LCH 武装直升机

基本参数	
长度	15.8 米
高度	4.7 米
旋翼直径	13.3 米
空重	2250 千克
最大速度	330 千米/小时

★ LCH 直升机在高空飞行

LCH（Light Combat Helicopter）直升机是由印度斯坦航空公司（HAL）研制的轻型武装直升机，截至 2020 年初仍未正式服役。

• 研发历史

为了满足北部山区和边境地区的作战部署，印度需要一种能适应高原作战环境的武装直升机。20 世纪 70 年代，印度引进法国"云雀""美洲驼"直升机技术，研制出"印度豹""猎豹"等直升机。但是这些直升机都不能适应高原山区的作战需求。而后印度又与德国合作研制了"北极星"轻型多用途直升机。2006 年，印度斯坦公司

★ "北极星"轻型多用途直升机（左）和 LCH 武装直升机（右）

开始在"北极星"直升机的基础上研制专用武装直升机LCH。该机的研制进度数度拖延,原计划2008年的首次试飞一直拖延到2010年3月。目前,LCH武装直升机已经获得了印度陆军114架、印度空军65架的订单。

●机体构造

从公开数据上看,LCH武装直升机的机体重量和外观特征与意大利"猫鼬"直升机、南非"石茶隼"直升机相类似。LCH武装直升机采用武装直升机的常用结构,如纵列式座舱,大型的棱角分明的座舱架构,常规布局的尾梁和尾桨设计,尾桨右置。虽然有一定的隐身能力,但是明显属于落后的设计。在最容易受到袭击的部位,LCH武装直升机装备了超过100千克的基于复合陶瓷技术的模块装甲。起落架和机体下部均经过了强化设计,可在直升机以10米/秒的速度垂直坠落时保证飞行员的安全。

LCH武装直升机右侧视角

●作战性能

LCH武装直升机的武器包括20毫米M621型机炮、"九头蛇"70毫米机载火箭发射器、"西北风"空对空导弹、高爆炸弹、反辐射导弹和反坦克导弹等。多种武器装备拓展了LCH武装直升机的作战任务,除传统反坦克和火力压制任务外,LCH武装直升机还能攻击敌方的无人机和直升机,并且适于执行掩护特种部队机降。LCH武装直升机可在海拔3000米的机场起飞,在5000米的高度使用机载武器系统,并在不超过6500米的高度遥控无人驾驶飞行器执行任务。

LCH武装直升机左侧视角

第 5 章
火炮

在现代立体化战争中,火力仍然是战斗力的核心。火炮是战场上的火力骨干,以其火力强、灵活可靠、经济性和通用性好等优点,已成为战斗行动的主要内容和左右战场形势的重要因素。

No.61 美国 M119 牵引榴弹炮

基本参数	
长度	8.8 米
高度	2.21 米
重量	2.13 吨
最大射速	3 发 / 分钟
有效射程	13.7 千米

★ M119 牵引榴弹炮正面视角

M119 榴弹炮（M119 howitzer）是美国在引进英国的 105 毫米 L119 轻型榴弹炮的基础上改进而成的 105 毫米牵引榴弹炮，用于替换老旧的 M102 牵引榴弹炮。

• 研发历史

英国的 105 毫米 L119 轻型榴弹炮于 1966 年开始研制，由英国皇家武器研究所、诺丁汉皇家军械厂负责设计和制造，1974 年装备英国陆军部队。1985 年，美国陆军决定采用 L119 轻型榴弹炮，并进行了改装。1985 年 12 月，改进后的榴弹炮定型，并重新命名为 M119 牵引榴弹炮。1990 年 12 月，M119 牵引榴弹炮开始装备

★ 美国陆军装备的 M119 牵引榴弹炮

美国陆军轻型步兵师、空降师和空中突击师。

●炮体构造

M119牵引榴弹炮的单筒自紧身管用高强度钢制成,高效率的双室炮口制退器可拆卸,便于擦拭身管。电磁式击发装置装在摇架上,不受气候影响,防水,可靠性好。液体气压式反后坐装置装在摇架上,包括复进机、制退机。上架用轻合金制成,装有高低机,可使火炮做左右各5度方向的转动。大架为马蹄形空心管状结构,用高强度耐蚀冷拉型钢制成。开闩炮手和装填手可在大架之间操作,以确保火炮在各种射角时具有高射速。

M119牵引榴弹炮大架特写

●作战性能

M119牵引榴弹炮重量轻、可空运部署,能发射多种炮弹并以高射角打击目标,适于在浓密丛林、山区和城区等环境中的纵深掩体下实施射击和撤出战斗。该炮的高低射界为-5.5度~+70度,使用座盘时的方向射界为360度,不使用座盘时则为±5.5度。M119牵引榴弹炮可发射多种炮弹,包括榴弹、发烟弹、照明弹、碎甲弹、火箭增程弹等,炮班为6人。

美国陆军第82空降师士兵正在操纵M119牵引榴弹炮

No.62 美国 M198 牵引榴弹炮

基本参数	
长度	11 米
高度	2.9 米
重量	7.154 吨
最大射速	4 发 / 分钟
有效射程	30 千米

★ 进入发射状态的 M198 牵引榴弹炮

M198 榴弹炮（M198 Howitzer）是美国于 20 世纪 60 年代研制的 155 毫米牵引榴弹炮，主要用户为美国陆军和海军陆战队。

● 研发历史

20 世纪 60 年代，为了取代当时已服役 20 多年的 M114 榴弹炮，美军提出发展可用 CH-47"支努干"运输直升机吊运、具有战略机动性的新型 155 毫米榴弹炮，并要求其发射火箭增程弹的射程应能达到 30000 米。新型榴弹炮于 1968 年 9 月开始研制，1969 年制

美国陆军使用直升机吊运 M198 牵引榴弹炮

造出一门样炮，称为 XM198 式。1970 年 4 月进行样炮的系统鉴定，同年 10 月完成设计工作。1972 年 4～5 月交付了 10 门样炮，1972 年 10 月至 1975 年初进行可靠性试验。1975 年 2 月至 1976 年 10 月制造出 4～9 号改进型样炮，进行第二阶段研制与使用试验。1976 年 12 月，正式定型为 M198 牵引榴弹炮。1979 年，M198 牵引榴弹炮正式服役。

美军 M198 牵引榴弹炮正在开火

●炮体构造

M198 牵引榴弹炮采用传统结构，由 M199 式炮身、M45 式反后坐装置、瞄准装置和 M39 式炮架四大部分组成。由于大量采用轻金属，上架、箱形大架和座盘都用铝合金制造，使全炮重量减轻。炮尾装有一个用三种颜色表示炮管受热情况的警报器，炮手可根据颜色情况调节发射速度，避免炮管过热。当炮管温度超过 350 摄氏度时，发出警报，此时应立即停止射击。双室炮口制退器重 113.4 千克，效率为 17%，但在炮手工作区域内的超压噪音较大，炮手需戴 DH-178 式头盔。使用 8 号装药时，需用一根 7.5 米长的拉火绳远距离拉发，避免炮手受冲击波的严重影响。行军时，炮身需向后回转 180 度，固定在大架上，以缩短行军长度。

●作战性能

M198 牵引榴弹炮的整个研制周期历时 11 年，进行了各种环境试验、强度试验、重要部件考核改进试验以及部队使用和鉴定试验等，累计发射了 13 万发炮弹。因此，该炮具有较强的可靠性。M198 牵引榴弹炮可发射多种炮弹，包括 M107 式榴弹、M795 式榴弹、M549A1 式火箭增程弹、M449 式杀伤子母弹、M712 式激光制导炮弹、M454 式核炮弹、M825 式黄磷发烟弹、M485 式照明弹、M631 式催泪弹和 M110 式芥子化学弹等。上述弹药均使用 M119A1 式（7 号）、M203 式（8 号）和 M211 式小号发射药装药。

M198 牵引榴弹炮的瞄准装置包括 4 倍放大率、视界 10 度的 M137 式周视瞄准镜，8 倍放大率、视界 6 度的 M138 式肘形瞄准镜和 M17、M18 式高低象限仪（-270～1433 密位）。为了便于夜间作战使用，所有瞄准装置中的数字刻度，均用氚光源照明。间接瞄准射击时，炮手在左边，用 M137 式周视瞄准镜装定方位角。副炮手在右边，用 M18 式象限仪确定射角。直接瞄准射击时，使用安装在副炮手位置上的 M138 式肘形瞄准镜。

M198 牵引榴弹炮发射时激起的巨大烟尘

No.63 美国 M109 自行榴弹炮

基本参数	
长度	9.1 米
宽度	3.15 米
高度	3.25 米
重量	27500 吨
最大速度	56 千米/小时

★ M109 自行榴弹炮左侧视角

M109 自行榴弹炮（M109 Self-propelled Howitzer）是美国于 20 世纪 60 年代研制的，炮管口径 155 毫米，最新改进型为 2013 年开始服役的 M109A7 型。

● 研发历史

M109 自行榴弹炮的研发计划始于 1954 年，最初编号为 T196。1959 年，T196 第一辆原型车出厂，后因美国陆军于 1959 年决定未来所有装甲战斗车辆的发动机全部改用柴油发动机，T196 也进行了必要的动力系统重新设计与更换，换装柴油发动机的 T196 改称 T196E1。1961 年 10 月，凯迪拉克汽车公

★ 埃及军队装备的 M109 自行榴弹炮

司获得美国陆军授予的合约，于克利夫兰陆军坦克厂进行 T196E1 的量产工作。1963 年 7 月，T196E1 初期测评及操作测评结束，美国陆军正式给予 M109 制式编号，并正式进入美国陆军服役。同年，M109 量产合约改为授予克莱斯勒汽车公司。从 1963 年量产至今，M109 自行榴弹炮的使用国家超过 30 个。

•车体构造

迷彩涂装的 M109 自行榴弹炮

M109 自行榴弹炮的车体结构由铝质装甲焊接而成，没有采用密闭设计，也没有配备核生化防护系统。全车可搭载 6 名乘员（车长、炮手、驾驶员及 3 名弹药装填手），驾驶舱位于车身左前方，设有 3 具 M45 潜望镜供驾驶员使用，并配有夜视设备。车长舱口位于炮塔右侧，装有 1 具 M2 式 12.7 毫米机枪架，可 360 度旋转射击。驻锄没有动力释放装置，射击前必须以手动操作。M109 自行榴弹炮采用底特律柴油发动机公司生产的 M8V-71T 液冷式涡轮增压、二冲程、八气缸柴油发动机，传动系统则采用通用汽车公司艾利森变速箱部门生产的 XTG-411-4A 交叉驱动变速箱。

•作战性能

M109 自行榴弹炮后期型号的炮塔内部加装了"凯夫拉"防弹内衬，提高了保护乘员的能力。此外，还增设了半自动弹药装填系统，可维持较高的持续射速。M109 自行榴弹炮具备两栖浮游能力，在未经准备的状况下，可以直接涉渡 1.8 米深的河流。如果加装呼吸管等辅助装备，则能够以 6 千米/小时的速度进行两栖登陆作业。

★ 美国陆军 M109 自行榴弹炮在伊拉克作战

M109 自行榴弹炮最初采用 1 门 M126 型 155 毫米 23 倍径榴弹炮，之后的改进型陆续换装了 M126A1 型 155 毫米 23 倍径榴弹炮、M185 型 155 毫米 33 倍径榴弹炮、M284 型 155 毫米 39 倍径榴弹炮。辅助武器为 1 挺 12.7 毫米 M2 机枪，并可加装 40 毫米 Mk 19 Mod 3 榴弹发射器、7.62 毫米 M60 机枪或 7.62 毫米 M240 机枪。

No.64 美国 M142 自行火箭炮

基本参数	
长度	7 米
宽度	2.4 米
高度	3.2 米
重量	10.9 吨
最大速度	85 千米/小时

M142 自行火箭炮右侧视角

　　M142 自行火箭炮是美国于 21 世纪初研制的轮式六管自行火箭炮，正式名称为 M142 高机动性多管火箭系统（High Mobility Artillery Rocket System，HIMARS），通常音译为"海马斯"。

●研发历史

　　M142 自行火箭炮于 2002 年结束工程研制，有 3 门样炮编入第 18 空降军属炮兵旅，并在伊拉克战争中试用。2003 年 4 月，洛克希德·马丁公司得到一份小批量试生产合同。2004 年 11 月，M142 自行火箭炮成功完成了大量作战试验，发射了所有类型的火箭弹并

M142 自行火箭炮编队

在作战环境中发射了大量训练火箭弹。2005年1月,洛克希德·马丁公司赢得了一份价值1亿美元的合同,继续进行M142自行火箭炮第三阶段低速试生产工作。2005年6月,美国陆军第18空降军第27野战炮兵营开始列装M142自行火箭炮。2006年,M142自行火箭炮形成初始作战能力,主要担负为早期进入战区的应急作战部队以及轻型步兵师、空降师和空中突击师等提供火力支援的任务。

•车体构造

M142自行火箭炮正在装填弹药

M142自行火箭炮主要由M270火箭炮的一组六联装定向器、M1083系列5吨级中型战术车辆底盘(6×6)、火控系统和自动装填装置组成,其火控系统、电子和通信设备均可与M270A1多管火箭炮通用,乘员数量也一样。战术车辆底盘后部安装了一个发射架,发射架上既可装配一个装有6发火箭弹的发射箱,也可以装配一个能装载和发射1枚陆军战术导弹的发射箱。

•作战性能

M142自行火箭炮具有机动性能高、火力性能强、通用性能好等特点。它与M270火箭炮的最大区别是底盘由履带式改为轮式,车重大幅减轻,可用C-130运输机空运,从而迅速部署到履带式火箭炮系统所无法到达的战区,并且在运输机着陆后的15分钟内即可完成作战准备。另外,M142自行火箭炮的公路行驶速度也大大提高,并降低了生产、使用与维修保养费用。

M142自行火箭炮能为部队提供24小时全天候的支援火力,不仅可以发射普通火箭弹,也可以发射制导火箭弹和陆军战术导弹,具备打击300千米以外目标的能力。与M270火箭炮相比,M142自行火箭炮占领和撤出阵地费时较少,可以实现"打了就跑"的目标。以安装发射M26双用途子母弹计算,一个9门制的M142炮兵连一次齐射的威力相当于一个18门制的155毫米榴弹炮营发射双用途子母弹(72颗子弹药)27次齐射的威力。另外,M142炮兵连在30秒内完成的射击任务,155毫米榴弹炮营花费12分钟才能完成。

M142自行火箭炮开火

No.65 美国 M270 自行火箭炮

基本参数	
长度	6.85 米
宽度	2.97 米
高度	2.59 米
重量	24.95 吨
最大速度	64.3 千米/小时

迷彩涂装的 M270 自行火箭炮

M270 自行火箭炮是美国于 20 世纪 70 年代研制的自行多管火箭炮，正式名称为 M270 多管火箭系统（M270 Multiple Launch Rocket System, M270 MLRS）。

● 研发历史

M270 自行火箭炮由美国沃特公司设计和生产，20 世纪 70 年代开始研制，1983 年装备美军。1983 年 5 月，法国、德国、英国、意大利与美国达成协议，五国将共同生产 M270 自行火箭炮，作为北约的制式武器，称为多管火箭发射系统（Multiple Launch

M270 自行火箭炮在沙地上行驶

第5章 火炮

Rocket System, MLRS）。除了上述国家外，日本、韩国、泰国、新西兰、澳大利亚、荷兰、希腊、沙特阿拉伯、土耳其和以色列等国家也采用了 M270 自行火箭炮，总定购量超过 1300 门。

●车体构造

M270 自行火箭炮是基于旧有的综合支援火箭系统而设计的，常被称为 M270 机动式火箭炮（Self-propelled Loader/Launcher，SPLL），它由三个系统组成：M269 式装填发射器、电动火控系统和 M993 式运输车。M270 自行火箭炮的一个特点是没有发射轨道，火箭直接从容器中发射。车体有装甲防护，可保护乘员免受小口径武器

M270 自行火箭炮左侧视角

射击。此外，还配备了核生化防护和自动灭火系统。美军内部有时会戏称 M270 自行火箭炮为"指挥官的私人猎枪"，也有士兵称为"吉普赛货车"，因为 M270 自行火箭炮缺少储物空间，导致士兵常常将杂物放在车顶。

●作战性能

M270 自行火箭炮的发射箱可以携带 12 枚火箭或 2 枚 MGM-140 陆军战术导弹，前者携带有导引或无导引的弹头，射程可达 42 千米，MGM-140 陆军战术导弹的射程则达到 300 千米，而导弹的飞行高度可达到 50 千米。

M270 自行火箭炮能够在 40 秒内全数射出 12 枚火箭或 2 枚 ATACMS 导弹，而这 12 枚火箭能够完全轰击 1 平方千米的范围，效果不逊于集束炸弹。M270 自行火箭炮能在开火后迅速转移阵地，以避免受到炮火反击。

M270 自行火箭炮开火

No.66 苏联/俄罗斯 BM-21 自行火箭炮

基本参数	
长度	7.35 米
宽度	2.4 米
高度	3.09 米
重量	13.71 吨
最大速度	75 千米/小时

★ BM-21 自行火箭炮开火

BM-21 自行火箭炮是苏联于 20 世纪 60 年代研制的 122 毫米 40 管自行火箭炮，绰号"冰雹"（Grad）。

● 研发历史

BM-21 自行火箭炮于 20 世纪 60 年代开始研制，1963 年开始装备苏联陆军炮兵部队，摩托化步兵师和坦克师下属的炮兵团均编有一个 BM-21 自行火箭炮营，装备该炮 24 门。除苏联及俄罗斯外，阿尔及利亚、安哥拉、保加利亚、乍得、古巴、埃及、埃塞俄比亚、匈牙

BM-21 自行火箭炮编队行驶

利、伊朗、伊拉克、黎巴嫩、墨西哥、莫桑比克、尼加拉瓜、波兰、叙利亚、坦桑尼亚、越南、赞比亚等国家也装备了BM-21自行火箭炮。

•车体构造

BM-21自行火箭炮由导向管、摇架、高低机、方向机、平衡机、瞄准装置和车体等部分组成，导向管分4层排列，每层10管，使用两道金属带固定，下方有侧面为梯形的底托与基座连接，在各型火箭炮中，属布局相对简单的一类。BM-21自行火箭炮多采用"嘎斯"卡车底盘，有3对托轮。

BM-21自行火箭炮发射架特写

•作战性能

BM-21自行火箭炮主要用来摧毁敌方战术核武器，与敌方炮兵交战。该炮可发射爆破杀伤火箭弹、化学燃烧火箭弹等，全营齐射能发射720枚火箭弹或化学弹，超过美国陆军一个师全部常规火炮的一次齐射量。

BM-21自行火箭炮通常配置在己方前沿后2～6千米的范围内，压制纵深为14～18千米。该炮发射速度快，火力猛烈；行军状态和战斗状态转换快速，射击准备时间短；越野机动能力强。不过，BM-21自行火箭炮也存在射击精度较低、稳定性稍差、发射时火光大、易暴露等缺点。

叙利亚士兵在为BM-21自行火箭炮装弹

No.67 苏联/俄罗斯 2S3 自行加榴炮

基本参数	
长度	8.4 米
宽度	3.25 米
高度	3.05 米
重量	28 吨
最高速度	63 千米/小时

★ 2S3 自行加榴炮侧前方视角

2S3 自行加榴炮是苏联于 20 世纪 60 年代末研制的一种 152 毫米自行加榴炮，1971 年开始服役。

● 研发历史

2S3 自行加榴炮是苏联针对美国 155 毫米 M109 自行榴弹炮而研制的自行火炮，整项计划始于 1967 年 7 月苏联部长理事会决议，1968 年设计定型，1971 年投入使用。此后，又陆续出现了几种改进型，包括 1975～1987 年生产的 2S3M 型，1987～1993 年生

★ 博物馆中的 2S3 自行加榴炮

产的 2S3M1 型，以及最新升级版 2S3M2 型。截至 2020 年初，俄罗斯陆军仍然大量装备 2S3 自行加榴炮。

★ 2S3 自行加榴炮尾部视角

•车体构造

2S3 自行加榴炮由 PI-20 式加榴炮和"萨姆"4 导弹发射车底盘结合而成，驾驶和传动系统在车体前部，大型炮塔在车体后方，驾驶员位于左前部，其后方有一个单片式舱盖。炮塔右边有一个舱盖，炮塔顶部左侧有一个车长使用的指挥塔，指挥塔上有一个单片后开式舱盖以利于观测，指挥塔前有 1 挺 7.62 毫米机枪，可以由车内向外瞄准并射击。间接瞄准器装在炮塔顶部车长位置的前方，直接瞄准器则装在主炮左侧，在车体后方有一个弹药补给用舱门。与美国 M109 自行榴弹炮不同的是，2S3 自行加榴炮的车后没有驻锄以供发射时吸收后坐力。2S3 自行加榴炮的承载系统为扭力杆式，包括 6 组橡胶轮缘路轮，传动轮前置，惰轮后置，并具有 4 个顶支轮。

•作战性能

2S3 自行加榴炮的车体采用封闭式设计，拥有完整的核生化系统和夜视设备，三防能力较强，可以空运。2S3 自行加榴炮可在没有准备的情形下涉渡 1.5 米深的河流，而不像大多数苏联/俄罗斯自行火炮是非两栖的。

2S3 自行加榴炮的火炮身管长为 29 倍口径，装有炮口制退器和排烟装置，行驶时火炮由前斜板上竖起的行车锁固定，火炮仰角 60 度、俯角 -3 度，并可 360 度全方位旋转。2S3 自行加榴炮可发射榴弹、火箭增程弹、穿甲弹、化学弹等多种常规弹药或核弹，其中发射榴弹时初速 670 米/秒，最大射程 18.5 千米，持续射速 2 发/分钟，最大射速 4 发/分钟。

★ 2S3 自行加榴炮的主炮特写

No.68 苏联／俄罗斯 2S5 自行加农炮

基本参数	
长度	8.33 米
宽度	3.25 米
高度	2.76 米
重量	28.2 吨
最大速度	62 千米 / 小时

2S5 自行加农炮侧前方视角

2S5 自行加农炮是苏联于 20 世纪 70 年代研制的 152 毫米自行加农炮,绰号"风信子"(Hyacinth)。

● 研发历史

2S5 自行加农炮是苏联于 20 世纪 70 年代初期研制的两种 152 毫米火炮之一,另一种是 2A36 牵引榴弹炮。两者均在 70 年代中期开始量产,但 2S5 自行加农炮从未公开展出,而 2A36 牵引榴弹炮则在 1976 年公开展出,故北约给予 M1976 代号。2S5 自行加农炮

2S5 自行加农炮侧后方视角

直到 1981 年才被西方国家所知，故其北约代号为 M1981。2S5 自行加农炮于 1980 年开始列装，主要装备苏联炮兵师和集团军属炮兵旅。除苏联和俄罗斯外，2S5 自行加农炮的其他用户主要是华沙公约组织国家的陆军，并少量出售给芬兰陆军。

• 车体构造

2S5 自行加农炮右侧视角

2S5 自行加农炮采用 M1976 式 152 毫米加农炮，安装在底盘后部。火炮装有炮口制退器，没有抽气装置，也不设炮塔。射击时，放下车体后面的大型驻锄，以便承受炮身后坐力。该炮底盘是以 GMZ 装甲布雷车或 M1973 式 152 毫米自行榴弹炮底盘为基础改进的。车体由钢板焊接而成，装甲最厚处为 15 毫米，防护能力不佳。每辆炮车配备 5 名乘员，尚有空间可额外配置 2 名弹药装填手。驾驶员座位在车体前左侧，车长位于驾驶员后面，其他乘员位于车体后段的乘员/战斗舱内。车体上装有一挺可遥控的 7.62 毫米机枪与一具探照灯。车头下方装有一具推土铲，使车辆能在没有工程装备的支援下，自行排除障碍物或构筑工事。

• 作战性能

2S5 自行加农炮的炮管长度为 53.8 倍口径，没有炮身排烟装置，装填弹药时可使用半自动装填系统，以节省人员的体力消耗。最高射速为 6 发/分钟，战斗室内装有 30 枚待射炮弹。接获射击任务、进入战斗位置后，可将车尾的大型驻锄插入地面，以提供射击时的稳定性，待命备射约需 1 分钟，撤收约需 2 分钟。2S5 自行加农炮的缺点是战斗室的装甲防护不足，炮班在操炮时容易遭敌方火力杀伤，缺乏核生化防护能力，方向射界（仅左右各 15 度）狭窄等。

2S5 自行加农炮采用弹头与装药分离的分离式弹药设计。使用的弹药种类，除 46 千克重的高爆破片炮弹（最大射程为 28.4 千米）外，另有火箭助推式炮弹（最大射程 40 千米），其他还可使用化学炮弹、特殊用途炮弹和战术核子炮弹等，也可发射激光导引炮弹以精确攻击点目标。

2S5 自行加农炮开火

No. 69 苏联／俄罗斯 2S9 自行迫击炮

基本参数	
长度	6.02 米
宽度	2.63 米
高度	2.3 米
重量	8.7 吨
最大速度	60 千米/小时

★ 2S9 自行迫击炮左侧视角

2S9 自行迫击炮是苏联于 20 世纪 70 年代研制的一种可用于空降的 120 毫米自行迫击炮，目前仍在俄罗斯军队中服役。

● 研发历史

2S9 自行迫击炮于 20 世纪 70 年代后期研制，1979 年开始批量生产并一直持续到 1989 年。1981 年，2S9 自行迫击炮开始装备苏联军队。除了苏联空降突击师外，少数陆军部队和海军步兵也有部署，也曾参与 1979 年阿富汗战争，战后苏联将部分车辆转交阿富汗政府军使用。苏联解体后，俄罗斯军队仍继

★ 2S9 自行迫击炮尾部视角

续使用 2S9 自行迫击炮。此外,阿塞拜疆、吉尔吉斯斯坦、摩尔多瓦、土库曼斯坦、乌克兰、乌兹别克斯坦等国家仍有一定数量的 2S9 自行迫击炮服役。

2S9 自行迫击炮正面视角

• **车体构造**

2S9 自行迫击炮以加长型 BMD 空降战车为底盘,车体和炮塔由钢板焊接而成,装甲最厚处 16 毫米,防护能力较差。承载系统与 BMD 空降战车相同,采用扭力杆承载系统,但路轮数量由 5 对增至 6 对。底盘距地高度可在 100~450 毫米间调整,方便空降作业。2S9 自行迫击炮的车内空间分为指挥舱、战斗舱和动力舱三个部分。指挥舱位于车体前段、炮塔之前的位置,驾驶员和车长乘坐于此,并分别配有 3 具潜望镜,车长另配置通信和导航装备。中段为战斗舱和炮塔,炮手和装填手分置在左右两侧,炮塔底部为装有 60 枚炮弹的弹药箱。后段的动力舱装有一台 5D20 柴油发动机,最大输出功率为 224 千瓦。

• **作战性能**

由于重量较轻,2S9 自行迫击炮可以利用任何一种型号的俄制中型运输机(如安-22)或重型运输机(如伊尔-76)载运,并通过 PRSM-915 重型空投缓降系统(操作高度 300~1500 米)进行空降作业。2S9 自行迫击炮具备基本两栖操作能力,入水后可利用喷水系统前进。

2S9 自行迫击炮的主炮为 2A60 型 120 毫米后膛装填式迫击炮,具有极为少见的间断式螺旋炮闩机构,采用人力装填作业,最高射速为 10 发/分钟。使用的弹药依间接或直接射击方式可分为两大类:间接射击时可选用高爆炮弹、白磷弹和烟幕弹等弹种,发射高爆弹时最大射程为 8.8 千米,若使用火箭助推炮弹时最大射程可达 12.8 千米;直接射击时使用反坦克高爆弹,可击穿 600 毫米厚均质钢板。

2S9 自行迫击炮开火

No.70 苏联／俄罗斯 2S19 自行榴弹炮

基本参数	
长度	7.15 米
宽度	3.38 米
高度	2.99 米
重量	44.5 吨
最大速度	60 千米/小时

2S19 自行榴弹炮正面视角

2S19 自行榴弹炮是苏联于 20 世纪 80 年代末研制的 152 毫米履带式自行榴弹炮,从 1989 年服役至今。

●研发历史

20 世纪 70 年代中期,苏联与北约国家同时认识到必须统一陆军师和集团军一级火炮的口径。苏联军界决定将 122 毫米、130 毫米、152 毫米、180 毫米和 203 毫米火炮统一更换为使用分装式弹药的 152 毫米牵引式火炮和自行火炮。在伏尔加格勒"街垒"设

2S19 自行榴弹炮编队行驶

计局总设计师谢尔盖耶夫的领导下,2S19自行榴弹炮的研制工作于1976年启动。1987年,2S19自行榴弹炮投入批量生产,1989年交付部队。

• 车体构造

★ 2S19自行榴弹炮左侧视角

2S19自行榴弹炮全新设计的钢焊接结构炮塔体积庞大,在近距离内可防轻机枪和大口径榴弹破片的攻击。在炮塔顶部的左前部装有可旋转的潜望式观察装置,在炮塔的右前部有一座小型炮长指挥塔。指挥塔上装有一挺用于自卫的12.7毫米高平两用机枪,机枪与一具专用防空潜望镜相接,由炮手遥控射击,从而可避免乘员因离开装甲防护所导致的伤害。为弥补夜战能力的不足,特意加装了一个白光/红外探照灯和一个昼用红外观察装置。在炮塔正面,火炮安装孔遮板左侧有一个瞄准镜的瞄准窗。火炮两侧各装有3具烟幕弹发射器。另外,炮塔的两侧各有一个舱门,供乘员出入。在炮塔后面的左侧有一个装药补给窗,右侧有一个弹丸补给窗。

• 作战性能

2S19自行榴弹炮的火炮由陆军常规的2A65式152毫米牵引榴弹炮改良而成,身管由原来的6米增至9米,配有三室炮口制退器,身管中部增加了一个细长的排烟装置。2S19自行榴弹炮的装填自动化程度相当高,弹药由自动弹药装填机装填。其弹药储存架的设计相当独特,可将不同种类的弹药放在储存架内。而装填控制系统可以自动从储存架内搜寻所需弹种,也可根据要求调整炮弹数量,并控制整个装填过程。

2S19自行榴弹炮可进行间瞄和直瞄射击(包括在山地条件下和核污染环境中)。直瞄射击时,最大方向射界左右各为50度。除了可发射制式152毫米炮弹外,还可发射"红土地"激光半主动末制导炮弹和全新研制的带有船尾部的流线型弹。2S19自行榴弹炮配有先进的火控系统。射击参数显示器自动显示由射击指挥车提供的射击参数;瞄准控制系统能与射击指挥车协调工作。它们之间通过电缆或无线电联系,可使火炮进行方向和高低自动瞄准,并可在连续射击时自动修正射角,因而射击过程中无需复瞄,炮手只需将周视瞄准镜对准瞄准点即可。发射车载弹药时,火炮最大射速达8发/分钟,发射车外供弹时为6发/分钟。

★ 2S19自行榴弹炮侧后方视角

No.71 俄罗斯 2S31 自行迫榴炮

基本参数	
长度	7 米
宽度	3 米
高度	3 米
重量	19.1 吨
最高速度	70 千米/小时

2S31 自行迫榴炮侧前方视角

2S31 自行迫榴炮是俄罗斯于 20 世纪 90 年代研制的 120 毫米自行迫榴炮，绰号"维娜"（Vena），2010 年开始服役。

●研发历史

20 世纪 70～90 年代，苏联相继推出了 259、2B-16 和 2S23 三种 120 毫米迫榴炮，形成世界上独一无二的迫榴炮系列，但机动能力仍无法完全满足现代作战的需求。为此，俄罗斯开始研制 2S31 "维娜"自行迫榴炮，1993 年在中东国际防务展览会上首次展出模型。由于苏联解体后

2S31 自行迫榴炮正面视角

俄罗斯军队经费紧张,直到 2010 年俄罗斯陆军才装备 2S31 自行迫榴炮。

2S31 自行迫榴炮尾部视角

• 车体构造

2S31 自行迫榴炮由 2A80 式 120 毫米线膛炮、封闭式炮塔、计算机火控系统、自动供输弹装置、射击辅助设备和 BMP-3 步兵战车底盘组成。2A80 式线膛炮配备气动式输弹和开门传动装置。发射前,装药和弹药由闭锁装置连接为一个易于装填的整体式弹药。2A80 式炮身较 2S9 自行迫击炮的 2A60 炮身明显加长,因而射程更远。该炮同样采用炮尾装填方式,没有炮口制退器,但配有圆桶形排烟装置,因而炮班人员可全体在炮塔内操作射击。2S31 自行迫榴炮的炮塔可以 360 度旋转,内部安装了先进的弹道计算机,从炮弹上膛直到发射均为自动控制。顶部装有 1 挺 PKT 式 7.62 毫米机枪,两侧各有 6 具 81 毫米烟雾弹或诱饵发射器。

• 作战性能

2S31 自行迫榴炮既可空运,又可两栖机动,能及时提供支援火力,并且具有多重弹道,可以发射多种炮弹,能执行反装甲、压制和特种火力任务,是一种重量较轻、便于战略与战术机动的多用途火炮。2S31 自行迫榴炮可发射新型 120 毫米弹药,还可以发射现役 2S9 自行迫击炮的同系列弹药。采用曲射弹道发射的 120 毫米杀伤爆破弹在目标附近爆炸

★ 展览中的 2S31 自行迫榴炮

时,其威力与俄罗斯及其他国家的 152 毫米、155 毫米杀伤爆破弹相当。

2S31 自行迫榴炮携带的 70 发炮弹中有 36 发为自动装填机操作,射速 8~10 发/分钟,使用迫击炮弹时的最大射程为 7.1 千米,若使用火箭增程弹则射程可达 13 千米。70 发炮弹中还包括 10 发采用人工装填的"捕鲸者"2M 激光制导炮弹,它沿俯冲弹道攻击目标顶部并能直接命中,最大射程可达 12~14 千米,命中率 80%~90%,与制式 122 毫米杀伤爆破弹相比,其战斗部威力显著增大,可大幅度提高营属炮兵的作战效能。除传统目标(轻型装甲装备和防御工事)外,营属炮兵还能成功摧毁坦克,包括行进中的坦克。

No.72 苏联/俄罗斯 2K22 自行防空系统

基本参数	
长度	7.9 米
宽度	3.25 米
高度	4 米
重量	35 吨
最高速度	65 千米/小时

★ 炮塔旋转后的 2K22 自行防空系统

2K22 自行防空系统是苏联于 20 世纪 70 年代开始研制的弹炮合一防空武器系统，绰号"通古斯卡"（Tunguska），1982 年开始服役。

● 研发历史

2K22 自行防空系统的研发工作始于 1970 年 6 月。在苏联国防部的要求下，KBP 仪器设计局开始研发一款取代 23 毫米 ZSU-23-4 的自行高射炮，项目代号为"通古斯卡"。该项目旨在为苏联的地面部队提供全天候的防空力量，其主要目标是打击低空飞行直升机或反步兵，北约将其命名为

2K22 自行防空系统侧后方视角

SA-19"灰鼬鼠"（Grison）。除苏联/俄罗斯外，2K22自行防空系统还出口到印度、摩洛哥、缅甸、叙利亚、乌克兰和也门等。

2K22自行防空系统侧前方视角

•车体构造

2K22自行防空系统采用GM-352M型履带式底盘，车体为钢装甲焊接结构。变速箱为液力机械式，每侧6个双轮缘负重轮、3个托带轮，主动轮在前，诱导轮在后，悬挂装置为扭杆式。车内还有燃气轮机辅助动力装置、三防装置、陀螺仪导航系统、自动灭火抑爆装置和加温供暖装置等。2K22自行防空系统配备4名乘员，分别是车长、炮长、雷达操纵手和驾驶员。前三名乘员位于炮塔内，驾驶员位于车体前部左侧。

•作战性能

2K22自行防空系统的火炮武器是2A38型30毫米双管高炮，采用电击发。两门火炮交替射击，可以相互补偿后坐，减小后坐力。导弹武器是8枚9M311防空导弹，可打击15～6000米距离的目标。该车可在静止或行进间攻击目标，在打击较远的目标时使用导弹，并使用火炮打击抵近目标。整个系统的设计目标是打击固定翼飞机和直升机，同时也可消灭地面目标。

2K22自行防空系统拥有目标截获雷达和目标跟踪雷达各一部，还装备光学瞄准具、数字计算系统、倾角测量系统和导弹设备。该车的雷达可探测18千米外的目标，并对16千米外的目标实施跟踪。

2K22自行防空系统开火

No.73 英国 M777 牵引榴弹炮

基本参数	
长度	10.7 米
高度	2.26 米
重量	3.42 吨
最大射速	5 发 / 分钟
有效射程	40 千米

进入射击状态的 M777 牵引榴弹炮

M777 榴弹炮（M777 Howitzer）是英国宇航系统公司于 21 世纪初研制的 155 毫米牵引榴弹炮，被美国、加拿大、澳大利亚、沙特阿拉伯和印度等国家的军队采用。

• 研发历史

M777 牵引榴弹炮由英国宇航系统公司的全球战斗系统部门制造，主要生产线位于英国巴罗因弗内斯，负责钛合金结构与制退组件的制造与组装，最终组装与测试工作则由英国宇航系统公司在美国密西西比州哈提斯堡的工厂负责。最早测试 M777 牵引榴弹炮的部队是位

★ 美军 M777 牵引榴弹炮进行实弹训练

于北卡罗来纳州布拉格据点的美国陆军第 18 野战空降炮兵旅。2005 年，M777 牵引榴弹炮正式服役。该炮可为在城区、丛林以及山地作战的步兵提供火力支援，可以全天时、全天候使用，在阿富汗和伊拉克的实战使用证明了这种榴弹炮的有效性。

•炮体构造

M777 牵引榴弹炮后膛特写

M777 牵引榴弹炮是世界上第一种在设计中大规模采用钛和铝合金材料的火炮系统，其重量是常规 155 毫米火炮重量的一半。相较于 M198 牵引榴弹炮，M777 牵引榴弹炮轻巧的外形更容易利用飞机或卡车运输，迅速进出战场。所有 2.5 吨级的卡车都能轻易地牵引 M777 牵引榴弹炮，危急时刻甚至连"悍马"越野车也能拉上 M777 牵引榴弹炮快速转移。C-130 运输机可载运的 M777 牵引榴弹炮也比 M198 牵引榴弹炮多，节省了运输成本与转移时间。

•作战性能

M777 牵引榴弹炮操作简单，反应迅速，小巧的尺寸有利于平时的收存与运输。虽然 M777 牵引榴弹炮的炮兵编制是 9 人，但只要 5 人就可以在 2 分钟内完成射击准备。在 2003 年伊拉克战争中的巴士拉之战中，8 门被军用卡车以 60 千米/小时的速度越野牵引的 M777 牵引榴弹炮在行进间接到了友军的火力支援要求。

M777 牵引榴弹炮开火

在不到两分钟的时间内，8 门 M777 牵引榴弹炮就完成了停车、架设和开火一系列战术动作。三轮急速射击后，8 门 M777 牵引榴弹炮迅速转移到了 3 千米外的另一个火炮阵地，整个过程不到 5 分钟。

M777 牵引榴弹炮能够编程并发射 M982 "神剑"制导炮弹，这种炮弹使 M777 牵引榴弹炮的射程达到 40 千米，射击精度达到 10 米以内。M777 牵引榴弹炮的缺点在于大量使用钛和铝合金材料，使得造价大增，每门炮造价约 70 万美元，相当于 M198 牵引榴弹炮的 1.5 倍，这也限制了该炮的生产和装备数量。

No.74 英国 AS-90 自行榴弹炮

基本参数

基本参数	
长度	9.07 米
宽度	3.5 米
高度	2.49 米
重量	45 吨
最大速度	53 千米/小时

★ AS-90 自行榴弹炮左侧视角

　　AS-90 自行榴弹炮是英国维克斯造船与工程公司（现 BAE 系统公司）研制的 155 毫米轻装甲自行榴弹炮，主要用户为英国陆军。

● 研发历史

　　为了替换老式的阿伯特 105 毫米榴弹炮和 M109 自行榴弹炮，英国原计划与德国、意大利联合研制新型自行火炮，但该计划不幸夭折。1981 年，英国陆军发出招标，最终英国维克斯造船和工程公司的 AS-90 方案中标。1992 年，AS-90 自行榴弹炮开始装备英国陆军。

AS-90 自行榴弹炮编队

AS-90 自行榴弹炮还积极开拓国外市场，具有很高的出口潜力。

★ AS-90 自行榴弹炮在平原地区训练

●车体构造

AS-90 自行榴弹炮的炮塔采用了维克斯造船和工程公司 GBT155 通用炮塔的改进型，主炮是 1 门 155 毫米 39 倍径火炮，炮塔内预留了较大的空间，可以在不做任何改动的情况下换装 155 毫米 52 倍径的火炮，动力舱也可以换装更大功率的发动机。辅助武器方面，AS-90 自行榴弹炮安装了 1 挺 7.62 毫米 GPMG 防空机枪，还有 2 具五联装烟雾弹发射器。

●作战性能

AS-90 自行榴弹炮的主炮射程并不是很远，但可靠性非常好，在长时间射击时，不会出现过热和烧蚀的现象。155 毫米炮弹由半自动装弹机填装，使 AS-90 自行榴弹炮可以保持较高的射速，充分发挥火力奇袭的作用。

AS-90 自行榴弹炮的火控系统非常先进，由惯性动态基准装置、炮塔控制计算机、数据传输装置等组成，可以完成自动测地、自动校准、自动瞄准等工作，使 AS-90 自行榴弹炮的独立作战能大大提高。

AS-90 自行榴弹炮开火

No.75 法国 CAESAR 自行榴弹炮

基本参数	
长度	10 米
宽度	2.55 米
高度	3.7 米
重量	17.7 吨
最大速度	100 千米/小时

★ CAESAR 自行榴弹炮

CAESAR 自行榴弹炮是法国研制的 155 毫米轮式自行榴弹炮，由法国地面武器工业集团（GIAT）设计和生产。

● 研发历史

CAESAR 自行榴弹炮最初是由 GIAT 自筹资金研制的，它是将一门 155 毫米 52 倍口径榴弹炮装在 6×6 卡车上的轻型火炮系统，恰逢其时地满足了快速反应部队装备建设的需要。2003 年初，GIAT 向法国陆军提供了 5 套系统用于试验。2003 年 10 月，法国陆军

法国陆军装备的 CAESAR 自行榴弹炮

决定采购更多的 CAESAR 自行榴弹炮，而不是继续升级老式的 155 毫米 AUF1 履带式自行榴弹炮。除法国外，沙特阿拉伯、泰国和印度尼西亚等国家也已采用了 CAESAR 自行榴弹炮。

• 车体构造

不同于有炮塔的自行火炮，CAESAR 自行榴弹炮的突出标志是没有炮塔，其结构简单、系统重量轻，具有优秀的机动性能。CAESAR 自行榴弹炮在射击时要在车体后部放下大型驻锄，使火炮成为稳固的发射平台，这是它与有炮塔自行火炮的又一大区别。它可选用多种 6×6 卡车底盘，

伊拉克战场上的 CAESAR 自行榴弹炮

用户可自由灵活选择，而最常用的是乌尼莫克 U2450L 底盘。

• 作战性能

CAESAR 自行榴弹炮的最大优点就是机动性强。它的尺寸和重量都较小，非常适合通过公路、铁路、舰船和飞机进行远程快速部署。CAESAR 自行榴弹炮可协同快速机动部队作战，公路最大速度达 100 千米/小时，最大越野速度 50 千米/小时。它能够快速地进入作战地区，能够在 3 分钟内停车、开火和转移阵地。

CAESAR 自行榴弹炮正在开火

CAESAR 自行榴弹炮还配备了车载火控系统和导航、定位系统，能够得知自己所处的位置。它所搭载的 155 毫米榴弹炮结构坚固、发射速度快、射程远、精度高。持续射击速度为 6 发/分钟，最大射程可达 42 千米。

No.76 德国 PzH 2000 自行榴弹炮

基本参数	
长度	11.7 米
宽度	3.6 米
高度	3.1 米
重量	55.8 吨
最大速度	67 千米/小时

高速行驶的 PzH 2000 自行榴弹炮

PzH 2000 自行榴弹炮是德国研制的 155 毫米自行榴弹炮，由德国克劳斯·玛菲-威格曼公司和莱茵金属公司联合研制。

●研发历史

20 世纪 80 年代初期，德国、英国、意大利开始合作研制 SP-70 自行榴弹炮，用于取代先前各国使用的美制 M109 自行榴弹炮。由于在发展上存在着分歧，计划在 1986 年年底取消，各个国家自行发展。英国陆军发展出 AS-90 自行榴弹炮，意大利选用本国

PzH 2000 自行榴弹炮编队

制造的"帕尔玛利"自行榴弹炮，而德国则展开自己的 PzH 2000 自行榴弹炮发展计划。1987年，德国国防技术与采购署和两个竞标团队签订研究试制合同，分别研制火炮原型，展开研究计划的第一阶段开发，最终克劳斯·玛菲-威格曼公司的团队胜出。1996 年，德国陆军正式宣布 PzH 2000 自行榴弹炮成功通过各项测试并开始量产。除本国使用外，该炮还出口到意大利、挪威、瑞典、丹麦、芬兰、希腊和荷兰等国家。

●车体构造

PzH 2000 自行榴弹炮侧后方视角

PzH 2000 自行榴弹炮主要基于德国陆军现役的"豹"2 主战坦克的底盘加以改进，类似二战时期"猎豹"和"猎虎"坦克歼击车的开发方式。PzH 2000 自行榴弹炮的车体前方左部为发动机室，右部为驾驶室，车体后部为战斗室，并装有巨型炮塔。这种布局能够获得宽大的空间。车体的装甲厚度为 10～50 毫米，可抵御榴弹破片和 14.5 毫米穿甲弹。炮塔可加装反应装甲，从而有效防御攻顶弹药。另外还有各种防护系统，包括核生化防护措施。PzH 2000 自行榴弹炮配备 5 名乘员，包括车长、炮手、驾驶员以及两名弹药装填手。

●作战性能

得益于"豹"2 主战坦克底盘的优异性能，PzH 2000 自行榴弹炮的最大公路行驶速度达到 67 千米/小时，越野速度达到 45 千米/小时。配备三个燃料箱，公路最大行程 420 千米。因此在战场上，PzH 2000 自行榴弹炮完全能同"豹"2 主战坦克协同作战。另外，PzH 2000 自行榴弹炮还曾在热带和寒带地区进行试验，能够适应各种极端气候。

PzH 2000 自行榴弹炮采用莱茵金属公司 155 毫米 L52 火炮，配有热成像昼夜瞄准具、综合式定位定向系统、数字计算机，实现了自动瞄准、自动供弹。在使用普通弹药时射程即可达到 40 千米，使用增程弹时可以达到 56 千米的超远射程。PzH 2000 自行榴弹炮配置有自动装填机，弹架中有 32 发可以随时发射的炮弹，总带弹量达到 60 发，可以在较长时间内保持 10 发/分钟的高射速。PzH 2000 自行榴弹炮还有 1 挺 7.62 毫米 MG3 机枪和 16 具全覆盖烟幕弹发射器，作为辅助武器。

PzH 2000 自行榴弹炮开火

No.77 日本 87 式自行防空炮

基本参数	
长度	7.99 米
宽度	3.18 米
高度	4.4 米
重量	38 吨
最大速度	53 千米/小时

高速行驶的 87 式自行防空炮

87 式自行防空炮（Type 87 Self-propelled Anti-aircraft gun）是日本于 20 世纪 70 年代末研制的 35 毫米双联装自行防空炮，从 1987 年服役至今。

● 研发历史

20 世纪 70 年代，日本为了替换美国提供的 M42 自行高射炮及 M15A1 防空炮，在 1979 年开始设计新型自行防空装甲车辆。1982 年完成部件试制，1984 年初制成第一辆样车，研制厂商是三菱重工公司和三

87 式自行防空炮编队

菱电机公司。1984～1986年进行各种试验，1987年正式定型，命名为87式35毫米自行高炮。

★ 87式自行防空炮的炮塔

•车体构造

87式自行防空炮由炮身、摇架、反后坐装置、高低机、方向机和装填机等部分组成，采用日本74式主战坦克底盘，因此具有较强的机动性。车体内装有辅助发动机，用以驱动液压装置和发电机。87式自行防空炮装备了较先进的火控系统，包括搜索雷达、跟踪雷达、激光雷达、电视摄像跟踪系统等多种装置，具有较强的抗电子干扰能力，但使用和维修较复杂。

•作战性能

87式自行防空炮装有新型炮塔，炮塔上装备2门35毫米机炮，射速为550发/分钟，携带300发榴弹和20发穿甲弹。该炮机动能力强，射速快，精度高。由于采用74式主战坦克底盘，因此有较强的越野能力和较快的机动速度，能够对机械化部队作战提供有效掩护。

87式自行防空炮的自动化水平高，实现了跟踪、搜索、处理、射击、保障一体化，有单车作战能力，火力反应速度快，采用雷达跟踪与光学跟踪重复配置，可在多种条件下执行火力掩护任务。火炮配备有初速测量装置，歼毁率较高。87式自行防空炮对空中或地面目标都有优秀的表现，但主要针对空中目标。

87式自行防空炮开火

No.78 日本 96 式自行迫击炮

基本参数	
长度	6.7 米
宽度	2.99 米
高度	2.95 米
重量	23.5 吨
最大速度	50 千米/小时

★ 行驶中的 96 式自行迫击炮

96 式自行迫击炮（Type 96 Self-propelled Mortar）是日本于 20 世纪 90 年代研制的 120 毫米履带式自行迫击炮，从 1996 年服役至今。

• 研发历史

20 世纪 90 年代初期，日本军方认为 60 式自行迫击炮的性能已经落后，于是从 1992 年起开始着手新型自行迫击炮的研制工作，一方面由丰和工业公司按特许生产方式生产法国汤姆逊·布朗公司的 MO120RT 型 120 毫米迫击炮；另一方面，由日立制作所完成底盘

96 式自行迫击炮侧前方视角

的改装工作。研制工作较为顺利，1996年完成样车，并定型为96式120毫米自行迫击炮。

96式自行迫击炮左侧视角

● 车体构造

96式自行迫击炮采用的火炮是引进并特许生产的120毫米迫击炮，由法国汤姆逊·布朗公司研制，全称为MO120RT型120毫米迫击炮。这是一种线膛迫击炮，采用尾部装弹方式，弹药靠旋转稳定。96式自行迫击炮的底盘与日本92式扫雷车、87式炮兵弹药车、73式牵引式车属同一系列，但车体进行了加长，每侧增加一个负重轮。96式自行迫击炮的动力装置为美国底特律采油机公司生产的八缸二冲程柴油发动机，最大功率为320千瓦。

● 作战性能

96式自行迫击炮的方向射界为左右各45度，高低射界为+30度~+85度。该炮配用的弹种有榴弹、照明弹、发烟弹、预制破片弹、火箭增程弹等。发射榴弹时的最大射程为8.1千米，发射火箭增程弹时的最大射程可达13千米。最大射速为15~20发/分钟，弹药基数为50发。辅助武器方面，96式自行迫击炮装有1挺12.7毫米机枪。

96式自行迫击炮开火

No.79 日本 99 式自行榴弹炮

基本参数	
长度	11.3 米
宽度	3.2 米
高度	4.3 米
重量	40 吨
最大速度	50 千米/小时

99 式自行榴弹炮侧前方视角

99 式自行榴弹炮（Type 99 Self-propelled Howitzer）是日本研制的 155 毫米自行榴弹炮，目前是日本陆上自卫队的主力自行火炮。

● 研发历史

1983 年，日本获得了特许生产瑞典 FH70 牵引榴弹炮的许可证，生产出的榴弹炮装备日本本州岛以南的炮兵团。FH70 发射普通榴弹时的最大射程达到 24 千米，发射火箭增程弹时达到 30 千米。这导致本应装备先进武器的北海道师属炮兵团，其自行榴弹炮的性能大大

训练中的 99 式自行榴弹炮

落后于本州岛以南各炮兵团。于是,日本从 1985 年起着手研制新型自行榴弹炮,并委托小松制作所和三菱重工联合进行设计工作。1992 年,提出了新型自行榴弹炮的战术技术指标,并开始设计和部件试制。1994 年,生产出技术演示样车。1996 年,开始了技术试验。1997～1998 年,开始了使用试验。1999 年年底,定名为 99 式自行榴弹炮。

99 式自行榴弹炮正面视角

●车体构造

99 式自行榴弹炮的车体前部左侧为动力舱,右侧为驾驶室,车体的中后部为战斗室。车体部分的外观和日本 89 式步兵战车很相像。日本称 99 式自行榴弹炮的车体是新设计的,但底盘上的某些部件可以和 89 式步兵战车通用。99 式自行榴弹炮的炮塔为铝合金装甲全焊接结构,炮塔内左前部为车长,后面是装填手,右前部为炮长,炮塔后部为炮尾部及自动装弹机机构。尽管炮塔内有自动装弹机,但车内还是有一名装填手。炮车上的舱门包括驾驶员舱门、炮塔顶部的两个舱门、炮塔两侧的两个舱门、车体后门等。炮塔后部右侧还有一个突出的装甲壳体,可以和供弹车对接,对接后即可自动地向车内补充弹药。

●作战性能

99 式自行榴弹炮的主炮为 52 倍口径的长身管 155 毫米榴弹炮,带自动装弹机,可以发射北约标准的 155 毫米弹药,其装药为新研制的 99 式发射药。新发射药的最大特点是降低了火药燃气对身管内膛的烧蚀,从而可以提高炮管的寿命。火炮发射普通榴弹的最大射程为 30 千米,发射底部排气弹的最大射程达 40 千米。99 式自行榴弹炮的配套车辆为 99 式供弹车,可装载 90 发 155 毫米炮弹。

99 式自行榴弹炮的火控系统高度自动化,具有自动诊断和自动复原功能。尽管炮车上未装全球定位系统,但车上装有惯性导航装置,可以自动标定自身位置,并且可以和新型野战指挥系统共享信息。这样,从炮车进入阵地到发射第一发弹,仅需要 1 分钟的时间,便于采取"打了就跑"的战术。

99 式自行榴弹炮开火

No.80 韩国 K9 自行榴弹炮

基本参数	
长度	12 米
宽度	3.4 米
高度	2.73 米
重量	47 吨
最大速度	67 千米/小时

★ 高速行驶的 K9 自行榴弹炮

K9 自行榴弹炮是韩国于 20 世纪 90 年代研制的 155 毫米 52 倍口径自行榴弹炮，能为韩国陆军在山地战场提供有效的远程火力支援。

● 研发历史

多年来，韩国自行火炮的主力一直是美国 M109A2 式 155 毫米 39 倍口径自行榴弹炮。20 世纪 80 年代末，为满足 21 世纪的作战需求，韩国陆军拟订了新型 155 毫米 52 倍口径自行榴弹炮的研制计划，关键性要求包括提高射速、射程、射击精度及高机动性等。经过竞

K9 自行榴弹炮编队

争,韩国三星造船与重工业公司成为新型自行榴弹炮的主承包商。1994年,第一门样炮XK9完成。1998年,韩国陆军将XK9定型为K9,随后组建了第一个炮兵营,包括3个炮兵连,每个连装备6门K9自行榴弹炮。2000年年底,土耳其陆军也采用了K9自行榴弹炮。

K9自行榴弹炮尾部舱门特写

•车体构造

K9自行榴弹炮的炮塔和车体为钢装甲全焊接结构,最大装甲厚度为19毫米,可防中口径轻武器火力和155毫米榴弹破片。该炮配备5名乘员,即驾驶员、车长、炮长、炮长助手和装填手。车长和炮长位于炮塔右侧。车长位置前上方装有一挺用于防空和自卫的12.7毫米M2机枪(备弹500发),配有向后开启的单扇舱口盖。炮塔顶部左侧装有间接射击瞄准镜。驾驶员位于车体前部左侧,发动机在右侧。油箱在车体右前方,蓄电池箱在左前方。底盘后部有一个大舱门,供乘员进出和弹药补给使用。驾驶员位置头顶上方向后开启的舱盖可在水平位置锁住,其前方装有3具潜望镜,中间一具可更换为被动夜视型。

•作战性能

K9自行榴弹炮的制式装备包括美国霍尼韦尔公司的模块式定向系统、自动火控系统、火炮俯仰驱动装置和炮塔回转系统。停车时,火炮可在30秒内开火,行军时可在60秒内开火。利用车载火控系统,该炮可实现3发弹同时击中目标。车内还装有三防系统、采暖设备、内/外部通信系统和人工灭火系统等。通过数字电台或音频通信设备,K9自行榴弹炮可接收从连指挥站传来的目标瞄准数据,也能利用车载火控设备计算瞄准数据。

K9自行榴弹炮的最大射速为6～8发/分钟(3分钟内),爆发射速为3发/15秒,持续射速为2～3发/分钟(1小时内)。该炮可发射所有北约制式155毫米弹药,包括杀伤爆破弹、杀伤爆破底排弹、火箭增程弹、子母弹、发烟弹、照明弹和化学弹等。此外,还可发射各种类型的全膛增程弹。

训练中的K9自行榴弹炮

第 6 章
导弹

导弹是现代高科技的结晶和化身,具有不同于一般进攻性武器的突出特点,尤其是其威力大、射程远、精度高、突防能力强的显著特性,使其成为具有超强进攻性和强大威慑力的武器。导弹的问世,改变了现代战争的作战样式。

No.81 美国 MIM-72"小槲树"导弹

基本参数	
长度	2.9 米
直径	0.127 米
翼展	0.63 米
最大速度	1.5 马赫
有效射程	9 千米

展览中的车载"小槲树"地对空导弹系统

MIM-72"小槲树"（Chaparral）导弹是美国罗拉尔公司研制的地对空导弹，1969～1998 年间在美国陆军服役，目前仍有外销型号在其他国家服役。

● 研发历史

20 世纪 60 年代，FIM-43"红眼"便携式防空导弹服役后，美国陆军一方面在不断寻找更好的单兵防空导弹；另一方面也在着手开发其他防空武器。在此背景下，罗拉尔公司以当时美军现役的 AIM-9"响尾蛇"空对空导弹为基础，设计出了 MIM-72"小槲树"导弹。第

美国陆军装备的车载"小槲树"地对空导弹系统

一枚"小槲树"导弹于 1967 年交付美国陆军,第一套完整版系统则于 1969 年 5 月开始作战部署。除美国外,智利、埃及、以色列、摩洛哥、葡萄牙、突尼斯等国家也有装备。

●弹体构造

早期的"小槲树"导弹是由 AIM-9"响尾蛇"导弹修改而成,主要差异在于"小槲树"导弹的两片弹翼为固定式而非活动式,此外还以 Mk 50 固体火箭发动机取代了"响尾蛇"导弹使用的 Mk 36 Mod 5 火箭发动机。"小槲树"导弹的发射载体由 M113 装甲人员运输车衍生而来,其发动机舱及乘员舱位于车体前方,后方则是 M54 导弹发射装置,多以防水帆布覆盖作为保护,车头两侧各有一组红外线灯,具有两栖能力,以履带划水的方式前进。

★"小槲树"导弹及其发射装置

●作战性能

"小槲树"地对空导弹系统在获取预警资料后,射手先行调整发射站的方位,以光学瞄准仪作目视瞄准,等待导弹寻标器锁定目标。由于导弹寻标器的视轴与光学瞄准仪的十字瞄准线已整合为一,所以光学瞄准仪追瞄或锁定目标的动作等于导弹寻标器在追踪或锁定目标。不过,这种操作只能于日间作战,而且目标的追踪和锁定距离不能超过射手的目视追踪和搜索的距离。另外,"小槲树"导弹不适合用于攻击直升机或位于掩蔽物后方的盘旋目标。

车载"小槲树"地对空导弹系统侧后方视角

No.82 美国MIM-104"爱国者"导弹

基本参数（PAC-1）	
长度	5.8米
直径	0.41米
翼展	0.92米
最大速度	2.8马赫
有效射程	70千米

★ 美国陆军装备的"爱国者"导弹

MIM-104"爱国者"（Patriot）导弹是美国雷神公司制造的中程地对空导弹系统，用于拦截弹道导弹、巡航导弹和先进作战飞机。

●研发历史

"爱国者"导弹于20世纪60年代开始研发，1976年首次试射，1981年定型，1984年成军。时至今日，"爱国者"导弹已发展出PAC-1、PAC-2和PAC-3等多种型号。除美国使用外，还销售到以色列、德国、荷兰、日本、希腊、韩国及比利时等国家。在1991年的海湾战争中，"爱

以色列国防军装备的"爱国者"导弹

国者"导弹多次成功地拦截伊拉克的"飞毛腿"导弹,因而声名大振。

●弹体构造

作战状态的"爱国者"导弹系统

"爱国者"导弹采用正常气动布局,头部呈尖卵形,没有弹翼,控制翼面呈十字形配置,位于弹体底端,前缘后掠,后缘平直。该导弹采用四联装发射箱,箱体为长方形,有多道垂直于射向的加强箍,前方有液压杆支撑,发射角为 38 度。整个"爱国者"导弹系统的地面设备包括发射车组、相控阵雷达、指挥控制中心和电源车等。其中,发射车组由 M983 HEMTT 牵引车和 M860 型拖车组成,一个发射车组共需 3 人操作。

●作战性能

"爱国者"导弹的主要特点是反应速度快,飞行速度快,制导精度高,可同时应对 5~8 个目标,抗干扰能力强,系统可靠性好。"爱国者"导弹系统的自动化程度高,一部相控阵雷达可以完成目标搜索、探测、跟踪、识别以及导弹的跟踪制导和反干扰任务。"爱国者"导弹的最小发射准备时间不到 9 秒,最大发射准备时间不大于 3.5 分钟。导弹战斗部为破片杀伤型,采用无线电近炸引信,杀伤碎片超过 700 片。

"爱国者"导弹发射瞬间

No.83 美国 MGM-140 陆军战术导弹系统

基本参数	
长度	4 米
直径	0.61 米
翼展	1.4 米
最大速度	1.8 马赫
有效射程	300 千米

★ 飞行中的 MGM-140 陆军战术导弹系统

MGM-140 陆军战术导弹系统（Army Tactical Missile System，ATacMS）是美国陆军现役最先进的近程、单弹头弹道导弹系统，1991 年开始服役。

● 研发历史

美国陆军于 1986 年开始研制 MGM-140 陆军战术导弹系统，1990 年装备部队。该导弹系统是一种全天候半制导半弹道式的第三代地对地战术导弹武器系统，在海湾战争中首次投入实战使用，主要用于攻击敌方后续部队的装甲集群、机场、运输队和地空导弹发射基地等大型目标。2007 年，由于

MGM-140 陆军战术导弹系统发射瞬间

成本原因，美国陆军终止了 ATacMS 计划，结束了补充库存的能力。为了维持剩余库存，启动了 ATacMS 服役寿命延长计划（ATacMS SLEP）。这是一项衔接计划，旨在为分析、研发 ATacMS 的后继者提供时间。

•弹体构造

MGM-140 陆军战术导弹系统为单级固体火箭推进的弹道导弹系统，采用以环形激光陀螺为基础的捷联惯性制导系统，虽然有多种型号，但是各个型号的弹体构造、发动机型号基本相同。MGM-140 陆军战术导弹的弹体短粗，弹尾有一组控制面，共有 4 片，形状特殊，后缘的翼尖有切角，整体呈不规则五边形。

★ 展览中的 MGM-140 陆军战术导弹系统

•作战性能

MGM-140 陆军战术导弹系统使用简单，可利用美军现役的 M270 自行火箭炮或 M142 自行火箭炮进行发射，2 个发射箱各装 1 枚导弹。导弹的装运箱可以快速拆卸。一次可单独运载 2 枚导弹，或运载 1 枚导弹和 6 枚火箭弹。使用时，无需另外的操作员、发射架和其他设施。

MGM-140 陆军战术导弹系统的射程达 300 千米，弹道高 30 千米，命中精度圆概率误差仅 5 米，是美国军一级纵深打击的重要武器。该导弹内装 950 枚 M74 杀伤/反器材双用途子弹药，战斗部内装填的子弹药由一个中心起爆装置抛出，中心起爆装置炸掉战斗部外壳，使子弹药散布在约 3.3 万平方米的面积内，每枚子弹药可产生 1200 块破片，其杀伤半径可达 15 米。一个 9 门制的 MGM-140 导弹连，一次齐射对目标产生的效果相当于 33 个 155 毫米榴弹炮营的一次齐射，或 792 发榴弹产生的杀伤效果。

★ MGM-140 陆军战术导弹系统和 M270 自行火箭炮

No.84 美国"复仇者"防空导弹系统

基本参数	
长度	4.95 米
高度	2.64 米
重量	3900 千克
最大速度	89 千米/小时
最大行程	440 千米

"复仇者"防空导弹系统侧前方视角

"复仇者"(Avenger)防空导弹系统是美国波音公司和美国陆军联合研制的近程、低空防空系统,1989 年开始服役。

● 研发历史

美国于 1983 年 5 月开始研制"复仇者"防空导弹系统,1987 年开始批量生产,1989 年开始装备美国陆军,20 世纪 90 年代初开始装备美国海军陆战队。在海湾战争中,美国陆军将 38 套"复仇者"防空导弹系统部署在沙特阿拉伯,其中第一骑兵师装备了 32 套,第三

"复仇者"防空导弹系统开火

装甲骑兵师装备了6套。在沙漠环境中,"复仇者"防空导弹系统表现出良好的耐高温、抗风沙性能。

●弹体构造

"复仇者"防空导弹系统基于两种关键要素进行成功组合:导弹系统采用"毒刺"防空导弹,是一种性能优异的便携式防空导弹;车载平台是"悍马"装甲车,号称"越野之王",是美国陆军的标志性轮式车辆。两种经典装备组合而成的"复仇者"防空导弹系统,并不是简单的优势叠加,而是实现了性能倍增。

★"复仇者"防空导弹系统侧后方视角

一套完整的"复仇者"防空导弹系统是基于"悍马"装甲车为武器系统机动平台,但是也能在一个独立的配置中操作或在多种军用车辆上安装。武器系统主要由导弹发射转塔、标准车辆安装发射装置(SVML)、敌我识别器、前视红外瞄准具、光学瞄准具和12.7毫米近防机枪构成。SVML位于导弹发射转塔上部两侧悬臂支架上,除了发射装置内的8枚待发"毒刺"导弹外,还有8枚预备弹,导弹再装填时间小于4分钟。"复仇者"防空导弹系统有两名组员,即一名导弹操作人员和一名驾驶员。

●作战性能

"复仇者"防空导弹系统承担低空防御任务,有力打击在防御空域上进攻或经过的敌方巡航导弹、无人机、低飞的高速固定翼飞机和直升机等,是美国陆军前沿区域防空系统的关键要素。"复仇者"防空导弹系统完全自动化,具有昼夜全天候交战能力,是美军第一种能在行进间发射的防空导弹系统。该系统体积小,运输非常方便,一架C-130运输机可同时运载3套"复仇者"防空导弹系统或5具发射装置。

★"复仇者"防空导弹发射装置特写

"复仇者"防空导弹系统的导弹发射转塔能360度全向旋转,发射装置的俯仰范围是-10度~+70度,因此使"复仇者"防空导弹系统具有非常灵活的交战能力。武器操作人员在转塔内有足够的视场用于目标捕获、跟踪和交战。借助先进的传感器系统和火控系统,导弹发射转塔转入战斗状态小于10秒,导弹转入战斗状态时间小于3秒,发射间隔小于5秒。

No.85 美国"萨德"反导系统

基本参数	
长度	6.17 米
直径	0.34 米
重量	900 千克
飞行高度	150 千米
有效射程	200 千米

★ "萨德"反导系统发射车左侧视角

"萨德"（THAAD）反导系统是美国导弹防御局和美国陆军下属的陆基战区反导系统，正式名称为"末段高空区域防御系统"（Terminal High Altitude Area Defense，THAAD），通常音译为"萨德"反导系统。

●研发历史

末段高空区域防御系统的前身是历经多次失败而告终的战区高空区域防御系统（Theater High Altitude Area Defense）。1987 年，美国陆军空间与战略防御司令部提出了战区弹道导弹防御的高空防御技术开发计划。1989 年美国防部正式公开此项计划，1990 年当时的战略

"萨德"反导系统发射车侧前方视角

防御计划局(即现在的弹道导弹防御局)将合同进行公开招标,1992年9月洛克希德公司赢得了演示/验证合同。1993年10月美国国防部将这一开发计划正式称为战区高空区域防御系统,该系统在1999年8月前共进行了11次飞行试验,成功次数较少。1999年8月2日进行最后一次拦截试验,也以失败告终。

2004年,美国陆军对战区高空区域防御系统进行重新设计,并重新命名为"末段高空区域防御系统"(由于"战区"和"末段"的英文单词都是以"T"开头,所以缩写仍为THAAD)。从此,"萨德"反导系统进入了一个新的发展阶段。该系统于2005年11月恢复飞行试验,部署前共计划进行14次试验。2008年5月28日,"萨德"反导系统正式服役。

• 弹体构造

"萨德"反导系统是一种既可以机动部署,也可由飞机空运的远程高空弹道导弹防御系统。整个系统可分为三个子系统,即发射系统、雷达系统和BM/C3I系统(作战管理/指挥、控制、通信、情报系统)。发射系统包括拦截弹和发射车两大部分,承包商为美国洛克希德·马丁公司、美国奥什科什公司、美国卡特彼勒公司、美国喷气飞机公司等;雷达系统以AN/TPY-2有源相控阵雷达为核心,承包商为美国雷神公司;BM/C3I系统的承包商为美国波音公司、美国霍尼韦尔公司、美国洛克达因公司、英国宇航系统公司等。

★ "萨德"反导系统的雷达天线车

"萨德"反导系统的拦截弹是一种设计非常先进的高速动能杀伤拦截导弹,由固体火箭推进系统、动能杀伤飞行器和级间段等部分组成。"萨德"反导系统的发射车是一个自行式的发射平台,即奥什科什公司的10×10重型扩展机动战术卡车,每辆发射车可携带8枚拦截弹。

• 作战性能

"萨德"反导系统的拦截弹尺寸小、重量轻、拦截距离远(可达200千米)、拦截高度高(可达150千米)、防御区域大(可保护直径为200千米的区域)、杀伤能力强、机动能力高,还能实施多次拦截,并可与"爱国者"导弹组成多层防御系统。

"萨德"反导系统采用的AN/TPY-2雷达是一种X波段有源相控阵固态多功能雷达,其探测距离远、精度高、可远程截获、精密跟踪和精确识别各类弹道导弹,是世界上性能最强的陆基机动反导探测雷达之一。

★ "萨德"反导系统开火

No.86 美国 BGM-71"陶"式导弹

基本参数	
长度	1.51 米
直径	0.152 米
翼展	0.46 米
最大速度	0.94 马赫
有效射程	3.75 千米

★ "陶"式导弹发射装置

BGM-71"陶"（TOW）式导弹是美国休斯飞机公司研制的重型反坦克导弹，TOW 是英文管射（Tube Launched）、光学追踪（Optically Tracked）和线控导引（Wire Command Link Guided）的缩写。

● 研发历史

"陶"式导弹最初由休斯飞机公司在 1963～1968 年间研发，代号 XBGM-71A，设计目标是希望让地面单位和直升机都能使用。1968 年，休斯飞机公司获得了一份全面生产合约。1970 年，美国陆军开始部署这种武器系统，随后美国海军陆战队也开始采用。"陶"式导弹一直在升级改进，

武装直升机搭载的"陶"式导弹

陆续出现了"陶"2（TOW 2）、"陶"2A（TOW 2A）和"陶"2B（TOW 2B）等改进型。直到现在，"陶"式导弹的改进工作仍在持续。不过，雷神公司已经取代休斯飞机公司，负责所有"陶"式导弹的生产工作以及改进型的研发工作。

●弹体构造

★ 美国陆军士兵使用"陶"式导弹瞄准目标

"陶"式导弹的弹体呈柱形，前后两对控制翼面，第一对位于弹体，四片对称安装，为方形，第二对位于弹体中部，每片外端有弧形内切，后期改进型的弹头加装了探针。"陶"式导弹的发射筒也是柱形，自筒口后 1/3 处开始变粗，明显呈前后两段。现役的"陶"式导弹仍然采用线导设计，而且射控技术仍然采用 20 世纪 70 年代第二代线导导弹的半自动指挥至瞄准线导引。这代表导引系统与发射平台必须直接连线，并要求目标维持在射手的视线内直到导弹撞击为止。

●作战性能

"陶"式导弹使用发射筒发射，发射平台种类较多，使用较为灵活。M220 发射器是步兵在使用"陶"式导弹时的发射器，但也可架在其他平台上使用，包括 M151 MUTT 吉普车、M113 装甲运兵车和"悍马"装甲车，这种发射器严格来说可以单兵携带，但非常笨重。"陶"式导弹采用有线制导，射程受限，发射平台也容易遭到敌方火力打击。

架设在装甲车上的"陶"式导弹

No.87 苏联/俄罗斯 2K12"卡勃"导弹

基本参数	
长度	5.841 米
直径	0.335 米
翼展	0.932 米
最大速度	2.8 马赫
有效射程	24 千米

"卡勃"导弹系统左侧视角

2K12"卡勃"(Kub)导弹是苏联于 20 世纪 50 年代末开始研制的机动式中低空中程野战地对空导弹系统,北约代号为 SA-6,1970 年开始服役。

● 研发历史

"卡勃"导弹的研制工作始于 1959 年,由苏联托罗波夫 OKB-134 特种工程设计局设计,是著名设计师伊凡·伊凡诺维奇·托罗波夫一生中最后的作品。该导弹于 1967 年设计定型,1968 年开始由莫斯科信号旗机械制造设计局与吉哈米洛夫仪器设计科学研究院生产,

"卡勃"导弹系统正面视角

1985年停止生产。苏联解体后，俄罗斯陆军仍继续使用。此外，还有多个国家引进了"卡勃"导弹系统。

★ "卡勃"导弹系统侧前方特写

弹体构造

"卡勃"导弹采用尖卵形弹头，圆柱形弹体。弹体中部有冲压发动机进气孔，进气道向后延伸，外观沿弹体方向呈四道凸起。该导弹有两组控制面，第一组位于弹体底端，共有4个，呈梯形，前缘后掠，略带内凹弧线。第二组位于冲压发动进气孔所在段，前缘后掠，翼尖有切角。"卡勃"导弹系统分装在两辆相同的履带车（采用PT-76两栖坦克的底盘）上，一辆是有3名乘员的三联装导弹发射车，另一辆是有4名乘员的制导雷达车。

作战性能

"卡勃"导弹系统的制导雷达采用多波段多频率工作，抗干扰能力较强。导弹采用固体火箭冲压组合发动机，比冲（用于衡量火箭效率的重要物理参数）较高。该导弹的主要缺点是制导系统技术落后，采用了大量电子管，体积大、耗电多、维修不便和操作自动化低等。此外，"卡勃"地对空导弹的发射车上没有制导雷达，一旦雷达车被击毁，整个导弹连就丧失了战斗力。

"卡勃"导弹发射瞬间

No.88 苏联／俄罗斯 9K330"道尔"导弹

基本参数	
长度	2.9 米
直径	0.235 米
翼展	0.65 米
最大速度	2.5 马赫
有效射程	12 千米

"道尔"导弹发射车侧前方视角

9K330"道尔"（Tor）导弹是苏联于20世纪70年代开始研制的机动式全天候近程防空武器，北约代号为SA-15。

● 研发历史

"道尔"导弹的研制工作始于20世纪70年代中期，1983年设计定型并开始批量生产，1986年基本型开始装备苏联陆军部队。之后，阿尔玛兹·安泰设计局又在基本型的基础上继续改进，研制出9K331 Tor M1（1991年开始部署）、9K332 Tor M2（2008年开始部署）

"道尔"导弹发射车在城区行驶

等改进型。此外,还研制了海军型,被命名为 3K95 "匕首",北约代号为 SA-N-9。

● 弹体构造

整个"道尔"导弹系统包括一部三坐标多普勒搜索雷达、一部多普勒跟踪雷达、一部电视跟踪瞄准设备和 8 枚 9M330 导弹,均整合安装在一辆由 GM-569A 改装的中型履带式运输车上。基本战斗单位是导弹发射连,由 4 辆发射车和 1 辆指挥车组成,并配有导弹运输装填车、修理车和测试车等。发射车有 3 名乘员,分别是车长、系统操作员、驾驶员。

"道尔"导弹发射车侧后方视角

● 作战性能

"道尔"导弹系统具有全天候作战、三防、空运部署能力,是世界上同类地对空导弹系统中唯一采用三坐标搜索雷达,具有垂直发射和同时攻击两个目标能力的先进近程防空系统。雷达最大探测距离为 25 千米,可对 48 个来袭目标做出判断,并对其中 10 个目标进行跟踪。需要攻击目标时,整个导弹系统的反应时间仅 5～8 秒。

9M330 导弹采用鸭式气动布局和大功率双推力固体火箭发动机,制导方式为无线电指令/主动雷达制导,射程 1.5～12 千米,射高 10～8000 米,机动过载 30g,弹头为 15 千克破片杀伤式战斗部,可击落各种低空目标,单发命中概率在 70% 以上。

★ "道尔"导弹发射车的搜索雷达正在工作

No.89 苏联/俄罗斯 OTR-21 "圆点"导弹

基本参数	
长度	6.4 米
直径	0.65 米
重量	2010 千克
最大速度	5.3 马赫
有效射程	185 千米

★ "圆点"导弹发射车右侧视角

OTR-21 "圆点"（Tochka）导弹是苏联于 20 世纪 70 年代研制的近程地对地战术弹道导弹，北约代号为 SS-21 "圣甲虫"（Scarab），1976 年开始服役。

● 研发历史

"圆点"导弹于 20 世纪 60 年代后期开始发展，计划装备前线部队，用于攻击敌方纵深的导弹发射架、地面侦察设备、指挥所、机场、弹药库、燃料库等重要目标，还可攻击重要的防空导弹系统，压制敌方防空火力。"圆点"导弹于 1976 年装备苏军部队，

乌克兰陆军装备的"圆点"导弹系统

1985 年才对外公开。目前,"圆点"导弹仍是俄罗斯陆军地对地战术导弹武器中的中坚力量。此外,乌克兰、哈萨克斯坦、保加利亚、亚美尼亚、叙利亚等国家也有装备。

• 弹体构造

"圆点"导弹的弹体不长,采用两组控制面,第一组在弹体尾端,共有四片,具有网格式尾翼,翼面垂直于弹体轴线。第二组在弹体后部,尺寸大于第一组,翼弦较长,前缘后掠,后缘平直。"圆点"导弹上装有数字式计算器和自主式惯性控制系统,尾部有空气动力舵。导弹可以配用常规弹头、核弹头、化学弹头、末制导弹头或子母弹弹头。

一套"圆点"导弹系统由一辆发射车和一辆弹药车组成,弹药车上部有两个密封式隔舱,里面装有 2 枚装配好的导弹供随时使用。两种车的轮胎都可以随时调节气压,以便在各种崎岖不平的地形行驶。车上装备核、生、化防护装置,此外还有喷水式推进器,具有一定的两栖作战能力。

"圆点"导弹发射车侧前方视角

• 作战性能

早期的"圆点"A 型导弹的最大射程只有 70 千米,不能满足攻击纵深目标的需要。1989 年问世的"圆点"B 型导弹经过重大改进,采用先进的固体燃料发动机,最大射程增加到 120 千米。1990 年问世的"圆点"C 型导弹进一步改良,最大射程达到 185 千米。

"圆点"导弹发射车侧后方视角

"圆点"导弹系统的发射车和弹药车均有良好的机动性能,行驶速度 70 千米 / 小时,最大行程 650 千米,并可用 10 千米 / 小时的速度在水中行驶。弹药车上设有吊杆式起重机和液压传动装置,可在 20 分钟内为发射车装填好导弹。发射车的设备齐全,导弹发射时不用对发射阵地进行测地和气象准备,只用 16 分钟就可以从行军状态转入战斗状态。发射完毕后,可在 1.5 分钟内撤出阵地,以避免遭到敌方火力破坏。

No.90 苏联/俄罗斯 OTR-23 "奥卡"导弹

基本参数	
长度	7.53 米
直径	0.89 米
重量	4360 千克
最大速度	8.6 马赫
有效射程	500 千米

★ "奥卡"导弹发射车右侧视角

OTR-23 "奥卡"（Oka）导弹是苏联于 20 世纪 80 年代研制的近程地对地战术导弹，北约代号为 SS-23 "蜘蛛"（Spider），1980 年开始服役。

● 研发历史

20 世纪 80 年代，苏军的战略思想发生了重大变化，强调不仅要打核大战，又要打常规战争，尤其重视提高炮兵在常规战争中攻击纵深目标的能力。"奥卡"导弹就是在这种情况下研制而出的。它不仅用于打击战场上的战术目标，还用来打击战役范围的纵深目标。"奥卡"导弹原

"奥卡"导弹发射车侧前方视角

计划部署 250 枚,但是美国、苏联签订的《中程核武器条约》规定不得部署和生产射程 500 千米以上的核武器,因此"奥卡"导弹在部署 167 枚以后就停止装备。

"奥卡"导弹及其发射车

•弹体构造

"奥卡"导弹采用先进的固体燃料火箭发动机,导弹的长度只有 7.53 米,有效射程却达到 500 千米。为了提高对远距离目标的射击精度,"奥卡"导弹采用了先进的惯性制导技术,使它的偏差距离减小到 350 米以内。为了提高快速机动能力,导弹采用第三代大型轮式车作为运输兼发射车,在长长的车体后部,装有两个长方形的发射箱,每个箱内存放一枚导弹。平时两个发射箱平放在车上,外面涂有迷彩伪装。

•作战性能

"奥卡"导弹的发射车看上去就像普通的军用运输车,既可以隐蔽自己,免遭敌人意外袭击,又可以保护导弹,免受战场尘土侵袭,有利于日常维护保养。由于"奥卡"导弹的发射距离比洲际导弹短,给敌人的预警以及反应时间也更短。其雷达的测距精度远高于一般导弹,打击目标的误差相对较低。"奥卡"导弹强大的机动性带来更强的突袭能力,因此它极难被拦截。

"奥卡"导弹发射车尾部特写

No.91 苏联/俄罗斯 RT-23 弹道导弹

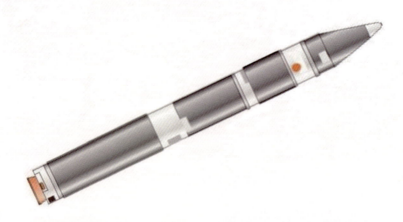

基本参数	
长度	23.4 米
直径	2.41 米
重量	104500 千克
有效载荷	4050 千克
有效射程	11000 千米

博物馆中的 RT-23 弹道导弹

RT-23 弹道导弹是苏联于 20 世纪 70 年代初开始研制的洲际弹道导弹，北约代号为 SS-24 "手术刀"（Scalpel），1985 年初具备初步作战能力。

● 研发历史

20 世纪 70 年代，苏联指示南方设计局研制一种集分导技术、固体推进技术、路基机动技术于一体的弹道导弹和导弹专用列车，即 RT-23 弹道导弹。1982 年 10 月，RT-23 弹道导弹进行了首次飞行试验，因第一级发动机发生故障而失败。此后，又进行了多次试验。1985 年，RT-23 弹道导弹具备初步作战能力，

★ 铁路发射车上的 RT-23 弹道导弹

部署在加固地下井中。1987年10月，首列以铁路机动部署的RT-23弹道导弹列车投入战斗执勤。2004年，RT-23弹道导弹退役。

RT-23弹道导弹铁路发射车头部视角

•弹体构造

RT-23弹道导弹是一种三级固体洲际弹道导弹，采用发射井布置和铁路机动布置的方式，是世界上第一种以铁路机动方式部署的陆基洲际弹道导弹，也是世界上第一种以铁道列车作为导弹系统的陆基弹道导弹系统。RT-23弹道导弹采用惯性加星光修正的制导方式，对提高导弹打击精度十分有效。

•作战性能

RT-23弹道导弹具有命中精度高、弹头威力大、可机动发射、可逃避对方探测与监视等特点，是一种有效的打击硬目标的战略核武器。该导弹是分导式多弹头导弹，可以配备8～10枚分导式核弹头，每个弹头的爆炸当量为10万吨。

RT-23弹道导弹头部视角

No.92 苏联/俄罗斯 RT-2PM "白杨"弹道导弹

基本参数	
长度	29.5 米
直径	1.8 米
重量	45100 千克
最大速度	21 马赫
有效射程	10000 千米

★"白杨"弹道导弹发射车左侧视角

RT-2PM"白杨"（Topol）弹道导弹是苏联研制的洲际战略弹道导弹，北约代号为SS-25"镰刀"（Sickle），1985年开始服役。

● 研发历史

1975年，"白杨"弹道导弹的研究工作在莫斯科热力研究所开始立项，导弹设计之初为单弹头，后改进为可携带多弹头。1982年10月，"白杨"弹道导弹正式开始研制工作，到1987年12月完成，共进行23次飞行试验，1983年2月和5月的两次飞行试验获得成功。

"白杨"弹道导弹发射车参加阅兵式

1985 年装备部队后,"白杨"弹道导弹还在继续进行系统改进飞行试验。截至 2020 年初,"白杨"弹道导弹仍然在俄罗斯军中服役,已大大超过其最初设计使用寿命。

"白杨"弹道导弹发射车侧前方视角

●弹体构造

"白杨"弹道导弹采用三级固体火箭发动机,在地下发射井可进行热发射,在地面可用轮式车辆在预先准备好的公路上实施机动发射,导弹平时储存在带有倾斜屋顶的房内,接到命令后由运输起竖发射车将导弹运送到野外发射阵地上进行发射,紧急情况可打开房顶盖,直接从房内把导弹起竖发射。公路机动型的"白杨"弹道导弹采用的是 MAZ-7912/7917 运输/起竖/发射车(MAZ-7917 是 MAZ-7912 的改进型,车身长度增加了 1 米,并增加了乘员舱),有 14 个负重轮和 12 个驱动轮。

●作战性能

"白杨"弹道导弹是世界上第一种以公路机动部署的洲际弹道导弹,可携带 1 枚或多枚分导弹头,射程超过 10000 千米,飞行速度快,并能做变轨机动飞行,具有很强的突防能力。不过由于发射车性能复杂,"白杨"弹道导弹公路机动发射系统不仅用于作战的代价昂贵,操作和维护保养费用也很高。

"白杨"弹道导弹发射车(右)及其配套车辆(左)

No.93 俄罗斯 RT-2PM2 "白杨" M 弹道导弹

基本参数	
长度	22.7 米
直径	1.9 米
重量	47200 千克
最大速度	22 马赫
有效射程	11000 千米

★ "白杨" M 弹道导弹发射车左侧视角

RT-2PM2 "白杨" M（Topol M）弹道导弹是俄罗斯在 RT-2PM "白杨" 弹道导弹基础上改进而来的洲际弹道导弹，北约代号为 SS-27 "镰刀" B（Sickle B），1997 年开始服役。

● 研发历史

"白杨" M 弹道导弹是俄罗斯最新一代地对地洲际弹道导弹，是 21 世纪俄罗斯战略核力量的支柱装备，将替换俄罗斯陆基战略核力量现有的数种导弹。该导弹于 1993 年 4 月开始研制，1994 年 12 月首次试射，1997 年 12 月正式服役。使用固定发射井发

"白杨" M 弹道导弹参加阅兵式

射的型号为 RS-12M1，使用运输车移动发射的型号为 RS-12M2。

●弹体构造

"白杨"M 弹道导弹推进系统的显著特点是各级发动机的直径均比"白杨"弹道导弹发动机大，并采用了新的推力向量控制方式。"白杨"M 弹道导弹的一子级、二子级、三子级发动机的直径分别从"白杨"弹道导弹的 1.8 米、1.55 米、1.34 米增加到 1.86 米、1.61 米、1.58 米，从而增加了推进剂的装药空间。

"白杨"M 弹道导弹发射车尾部视角

●作战性能

"白杨"M 弹道导弹至少可以装载 4 枚 55 万吨梯恩梯（TNT）当量的核弹头，或者安装多达 10 枚的分导弹头，并能作变轨机动飞行，具有很强的突防能力。该导弹依靠三级固体燃料火箭提供的巨大推力，射程超过 10000 千米。"白杨"M 弹道导弹可依靠 MAZ-7310 运输车进行移动，发射后的飞行速度可达 20 马赫以上。俄罗斯军方宣称，"白杨"M 弹道导弹的技术性能和作战效能要比美国现役陆基洲际弹道导弹领先 5～8 年，可穿透现有任何一种反导弹防御系统。

"白杨"M 弹道导弹发射车侧前方视角

No.94 俄罗斯 9K720 "伊斯坎德尔"弹道导弹

基本参数	
长度	730 厘米
直径	92 厘米
重量	3800 千克
最大速度	6.2 马赫
有效射程	500 千米

★"伊斯坎德尔"弹道导弹发射车左侧特写

9K720"伊斯坎德尔"（Iskander）弹道导弹是俄罗斯研制的短程战术弹道导弹武器系统，北约代号为SS-26"石头"（Stone），2006年开始装备部队。

● 研发历史

9K720弹道导弹的研制工作始于20世纪末，由俄罗斯机械制造设计局负责设计工作。为了吸引潜在的国外客户，该导弹武器系统以在中东、印度颇受尊崇的马其顿亚历山大大帝的阿拉伯语称呼"伊斯坎德尔"来命名。2005年，"伊斯坎德尔"弹道导弹设计定型，

"伊斯坎德尔"弹道导弹发射车参加阅兵式

随后开始批量生产。2006年，该导弹正式服役。除俄罗斯本国使用外，还出口到亚美尼亚和阿尔及利亚。

"伊斯坎德尔"弹道导弹发射车尾部视角

•弹体构造

"伊斯坎德尔"弹道导弹系统由导弹、发射车、装填运输车、指挥车、情报信息处理车、技术勤务保障车以及成套训练设备组成，每辆发射车搭载两枚导弹。导弹为单级、固体燃料、全程制导导弹，弹体使用了特殊复合材料，在结构上也极为独特。其外形近似锥体，且起飞后迅速抛掉表面突出部分，使弹体更加浑圆，从而降低了导弹的雷达波反射面积，增加了雷达的探测难度。另外，导弹在飞行过程中多次做偏离发射平面的机动，并且这种机动在发射区和目标区上空尤为剧烈，机动时导弹承受的过载高达 20～30g，故而要对其实施拦截，拦截弹承受的过载必须达到来袭导弹的 2～3 倍，这在当前情况下是难以实现的。

•作战性能

"伊斯坎德尔"弹道导弹可携带集束子母弹（装填 54 枚子弹药）、高爆弹、侵彻子母弹、钻地弹、空气燃烧弹和电磁脉冲弹等多种类型的战斗部，可对不同类型目标实施有效打击。俄军声称，使用"伊斯坎德尔"弹道导弹突击敌方防空连、反导连发射阵地、机场、指挥机构等典型目标，通常只需 1～2 枚导弹，毁伤能力是美国陆军战术导弹系统的 2～3 倍。

"伊斯坎德尔"弹道导弹系统可直接通过空间、空中、地面侦察平台获取目标信息，并可在 10 秒内完成弹着点确定，导弹飞行参数计算，光学导引头参考用地形、地物信息准备等实施导弹突击必需的工作内容。其发射车可随机选择发射地点并自主确定所在位置的大地坐标，战斗中只需 3 人便可完成发射操作。从展开设备到导弹发射仅需 4 分钟，即使在刚转移阵地解除行军状态后，也可在 6 分钟内发射导弹。

★ 进入发射状态的"伊斯坎德尔"弹道导弹发射车

No.95 俄罗斯"铠甲"-S1防空系统

基本参数	
导弹长度	3.2 米
导弹直径	0.17 米
导弹重量	90 千克
最大速度	3.8 马赫
有效射程	20 千米

★ "铠甲"-S1防空系统侧前方视角

"铠甲"-S1防空系统是俄罗斯在2K22"通古斯卡"防空系统基础上改进而来的轮式自行弹炮合一防空系统,北约代号为SA-22"灰狗"(Greyhound)。

●研发历史

"铠甲"-S1防空系统的研制工作始于1994年,其初衷并非是为了取代"通古斯卡"防空系统。俄罗斯军队总结1991年海湾战争的经验教训时,发现北约部队对伊拉克的空中打击每出击3000架次才被防空火力击落1架,防空效率仅及越南战争的1/4。不过,俄罗斯

"铠甲"-S1防空系统参加阅兵式

军队仍然对"通古斯卡"防空系统的野战防空能力抱有信心,认为其略加改进即可应对 2000 年以后的近距空中威胁。2012 年,"铠甲"-S1 防空系统正式服役。

★"铠甲"-S1 防空系统的雷达

● 弹体构造

"铠甲"-S1 防空系统是"通古斯卡"防空系统的升级版本,两者的底盘非常相似,炮塔实际上一样,区别只是"通古斯卡"炮塔的前部安装的是跟踪雷达,而"铠甲"-S1 是一套带有天线整流罩的光电装置,用于导弹制导。"铠甲"-S1 防空系统装有 2 门 30 毫米自动火炮和 12 枚 9M335 地对空导弹。

● 作战性能

"铠甲"-S1 防空系统的两种武器相互补充,能够摧毁距离在 20 千米以内、高度在 15 千米以内、速度在 1300 米/秒以内的各种现代化空中攻击武器,包括战斗机、无人机、巡航导弹、精确制导弹药、弹道导弹等。它能够抵御强大的电子干扰,具有较高的生存力,能在全天时、全天候条件下保持高度的效用性和可靠性,甚至能够幸存于大量使用"哈姆"反辐射导弹的环境。

"铠甲"-S1 防空系统的导弹发射装置和火炮

No.96 法国/德国"霍特"导弹

基本参数	
长度	1.3 米
直径	0.15 米
翼展	0.31 米
最大速度	0.7 马赫
有效射程	4.3 千米

★ 装有"霍特"导弹的 VAB 轮式装甲车

"霍特"(HOT)导弹是法国和德国联合研制的重型反坦克导弹,HOT 是"High Subsonic, Optical Remote-Guided, Tube-Launched"的缩写,意即"高次音速、光学遥控、筒射"。

● 研发历史

1963 年,法国、德国两国政府签署双边合同,决定联合发展两种新型反坦克导弹——"米兰"导弹和"霍特"导弹。根据法国、德国两国陆军参谋部提出的战术技术要求,法国宇航公司与德国梅塞施密特-伯尔科-布罗姆公司(MBB 公司)于 1964 年开始研制这两种新型反坦克导弹,1971 年完成"霍

法国陆军装甲车上装载的"霍特"导弹

特"导弹基本型的研制工作。1972 年,这两家公司组成欧洲导弹公司,专门负责"霍特"导弹的研制,同年生产了首批导弹和发射装置,交付法国和德国军队在直升机上进行一系列飞行试验,1973 年交付英国陆军在直升机上进行验证试飞,1977 年开始批量生产。目前,"霍特"导弹已出口到埃及、科威特、叙利亚和沙特阿拉伯等国家。

●弹体构造

"霍特"导弹是一种高亚音速、光学瞄准、红外跟踪和有线制导的重型远程反坦克导弹,采用无尾式气动外形布局和推力矢量控制方案,弹体中后部有 4 片前缘后掠 65 度的弹翼,且有 1 度 10 分的倾斜安装角。导弹头部呈尖锥形,弹体呈圆柱形,分为前、中、后三个舱段:前舱段为战斗部与引信舱,中舱段为发动机舱,后舱段为制导控制舱。

直升机挂载的"霍特"导弹发射筒

●作战性能

"霍特"导弹可以安装在轮式、履带式装甲车上或直升机上,具有直射距离远、破甲威力大、命中精度高、机动性强等优点。该导弹的最大射程可达 4.3 千米,车载发射时的最小射程为 75 米,机载发射时为 400 米,命中概率为 91%,发射速率 3 发 / 分钟,动力装置为二级固体火箭发动机,战斗部为聚能破甲型,导弹以 65 度落角击中目标时的破甲深度达 272 毫米,静破甲大于 800 毫米。

法国陆军"小羚羊"直升机发射"霍特"导弹

No.97 瑞典 RBS 70 防空导弹

基本参数	
长度	1.32 米
直径	0.106 米
翼展	0.32 米
最大速度	2 马赫
有效射程	8 千米

★ 装备 RBS 70 防空导弹的两人小队

　　RBS 70 防空导弹是瑞典研制的便携式防空导弹，1977 年开始服役，时至今日仍然在役。除装备瑞典军队外，还有数十个国家的军队使用。

●研发历史

20世纪60年代初,瑞典军队提出了新型便携式防空导弹的要求,其内容包括制造成本低、操作方便以及可靠性良好等。围绕军方这一要求,瑞典博福斯公司于1969年开始研制这种便携式防空导弹。在参考美国FIM-92"毒刺"便携式防空导弹后,该公司于1976年成功推出了新型便携式防空导弹的原型,在1977年通过军方测试后,定型为RBS 70防空导弹。

★ 瑞典士兵测试RBS 70防空导弹

★ RBS 70防空导弹发射装置特写

●弹体构造

RBS 70防空导弹采用标准空气动力学布局,中部装配两级固体燃料主发动机,战斗部在头部隔舱内,通过激光非接触引信或撞击引信引爆,使用聚合子母弹药摧毁目标,穿甲厚度200毫米,激光辐射接收器在尾部隔舱内。

●作战性能

RBS 70防空导弹的主要特点是远程拦截来袭目标,具有较高的命中精度和杀伤概率,稳定性强,可高效对抗各种人工和自然干扰。采用激光指令制导方式,能攻击低飞到地面的目标,可在夜间使用,具备较强的发展、改进潜力。从诞生伊始,RBS 70防空导弹就是作为一种整体系统而研制的,便于日后装配在各种轮式和履带式底盘上,发展自行防空系统。

RBS 70防空导弹发射

No.98 日本81式地对空导弹

基本参数	
长度	2.7米
直径	0.16米
翼展	0.6米
最大速度	2.9马赫
有效射程	14千米

★ 81式地对空导弹发射车正面视角

81式地对空导弹是日本研制的一种机动式近程防空导弹，1982年开始服役。

● 研发历史

1958年，日本陆上自卫队对自身的野战防空能力进行了仔细分析，发现"奈基"导弹和"霍克"导弹之间配合较好，但在近程防空方面，35毫米双管90式高炮（射程4千米）和"霍克"导弹（射程35千米）之间存在一段空白。从射程上考虑，当敌机突破"霍克"导弹的拦截区域后，有20千

展览中的81式地对空导弹发射车

米以上的空白区域无法发挥火力，而当敌机进入高炮射程后，往往又难以反应。所以，必须有一种射程在 7～12 千米、最佳杀伤区在 4000 米上下的近程防空导弹来填补这一空白。1960 年，日本防卫厅以"机动式近程防空导弹"（ML-SAM）系统的名义展开了 81 式地对空导弹的初期研制工作。直到 1981 年，这种导弹才开始服役。

81 式地对空导弹发射车左侧视角

•弹体构造

81 式地对空导弹除弹头呈卵形而非锥形外，其余都与英国"轻剑"导弹相似。导弹发射重量 100 千克，其弹头为重 9.7 千克的破片杀伤战斗部，配置触发和无线电近炸引信。一套 81 式地对空导弹系统由导弹、两辆发射车和一辆火控雷达车组成，人员编制 15 人。两种车辆均由 73 式卡车（6×6）改装。其发射装置为 4 联装发射架。发射车通常配置在离火控雷达车约 300 米半径范围内。火控雷达车用 100 米长电话线与发射架相连。

•作战性能

81 式地对空导弹主要用于野战防空，也可用于要地防空。这种导弹的火控、制导系统的核心是装备相控阵雷达的火控车，它能同时跟踪和处理 6 批目标，并将所产生的各种数据通过两对野战电话线以数字形式传送给导弹发射车。

81 式地对空导弹发射车侧后方视角

No.99 日本 03 式地对空导弹

基本参数	
长度	4.9 米
直径	0.32 米
弹头重量	73 千克
最大速度	2.5 马赫
有效射程	50 千米

★ 03 式地对空导弹发射车左侧视角

03 式地对空导弹是日本研制的一种机动式中程防空导弹，2003 年开始服役。

• 研发历史

20 世纪 80 年代，日本陆上自卫队认为必须建立严密的中、近程防空体系才能确保在纵深狭窄的日本本土作战的活动自由。此外，当时日本引进的 MIM-104 "爱国者"导弹等防空武器快到服役年限。有鉴于此，日本在 1989 年提出自行研制一种具有世界先进水平的防空导弹，并于当年

03 式地对空导弹发射车进入战斗状态

进行了项目的初期研制工作,其最终结果便是 03 式地对空导弹。

●弹体构造

03 式地对空导弹的整个系统包括 4 辆发射车、一部多功能相控阵雷达、一个指挥控制中心和一个火控站。每辆发射车上装有六联装发射系统,导弹封装在运输/发射一体的发射箱内。03 式地对空导弹配用单级固体火箭发动机,发动机有推力矢量系统,先进的战斗部配有近炸和触发引信。

03 式地对空导弹发射车侧后方视角

●作战性能

03 式地对空导弹可以采用垂直发射方式,360 度全方位攻击目标。该导弹主要用于应对作战飞机,也具有反战术弹道导弹能力,同时还可拦截空地导弹和巡航导弹。由于采用了预编程导航系统、先进的指挥链路和主动雷达制导,所以 03 式地对空导弹可实现对目标的精确打击。此外,该导弹还具有同时应对多个目标的能力。它的发射车、运输装填车、多功能相控阵雷达车、指挥控制中心均采用 8×8 轮式越野底盘。由于自动化水平较高,03 式地对空导弹系统的操作人员数量大为减少。

03 式地对空导弹发射瞬间

No.100 印度"烈火"5弹道导弹

基本参数	
长度	17.5米
直径	2米
重量	50000千克
最大速度	24马赫
有效射程	8000千米

★ "烈火"5弹道导弹发射升空

"烈火"5弹道导弹是印度国防研究与发展组织（DRDO）研制的远程弹道导弹，2014年开始服役。

● 研发历史

"烈火"系列导弹是DRDO研制的中远程弹道导弹家族。早在20世纪70年代，印度就制订了一项以发展三级液体导弹为目标的"勇士"计划，但是在1983年这项计划就被更为完善也更加雄心勃勃的综合导弹研制计划取代。这项计划的核心是发展"三位一体"的核打击力

"烈火"5弹道导弹侧面视角

量，目标在于开发一系列集世界先进弹道导弹技术于一身的固体导弹家族。从1989年5月，印度试射"烈火"系列导弹的试验型号——"烈火"TD/TTB以来，DRDO研发并试验了一系列带有技术验证性质的中远程弹道导弹，包括"烈火"2（1999年4月首次试射）、"烈火"1（"烈火"2的单级版本，2002年1月首次试射）、"烈火"3（2007年成功试射）、"烈火"4（2011年11月成功试射）、"烈火"5（2012年4月成功试射）等。

"烈火"5弹道导弹及其运载车

●弹体构造

"烈火"5弹道导弹是在"烈火"3弹道导弹基础上增加一个小型的第三级改装而来的，第一级燃烧时间为90秒，推力300～400吨。第三级采用与"烈火"4弹道导弹相同的棕红色弹体，使用碳纤维复合材料制造，质量比大于0.9。第二级也采用了轻型复合材料，以降低结构重量，提高射程。

●作战性能

印度现有的"烈火"系列导弹全都采用固体火箭发动机推进，战术灵活性比印度陆军先前装备的"大地"系列液体燃料推进导弹提高不少。与前四代"烈火"系列导弹不同，"烈火"5弹道导弹能够进行公路机动发射，它也因此成为印度武器库中首款远程公路机动导弹，极大地扩展了导弹的打击范围。由于可通过公路运送到印度境内不同地点发射，除北美洲和南美洲外，"烈火"5弹道导弹可以锁定各大洲目标。

"烈火"5弹道导弹是目前印度可携带核弹头的射程最远的导弹，并使印度拥有用同一导弹发射多个核弹头的技术。"烈火"5弹道导弹能装在特制的导弹储存/发射筒中密封保存多年，发射时只需要简单准备就能点火。相比之下，现有的"烈火"3弹道导弹改变部署地点要困难得多。这样的改装可以极大提升印度战略导弹的生存力。

"烈火"5弹道导弹发射瞬间

参考文献

[1] 瑾蔚. 战争之王：火炮 [M]. 北京：中国铁道出版社，2017.

[2] 李斌. 经典陆战武器装备 [M]. 北京：中国经济出版社，2015.

[3] 杰克逊. 坦克与装甲车视觉百科全书 [M]. 北京：机械工业出版社，2014.

[4] 李大光. 世界著名战车 [M]. 西安：陕西人民出版社，2011.

[5] 郭漫. 青少年必读：世界陆军武器图鉴 [M]. 北京：航空工业出版社，2010.